女性博弈

小先生 著

愿你活出自己的生命力.

小先生.

人民邮电出版社

北京

图书在版编目（CIP）数据

女性博弈 / 小先生著 . -- 北京 : 人民邮电出版社，
2025. -- ISBN 978-7-115-66443-3

Ⅰ.B848.4-49

中国国家版本馆 CIP 数据核字第 2025A6K831 号

◆ 著　　　　小先生

　　责任编辑　马晓娜

　　责任印制　马振武

◆ 人民邮电出版社出版发行　　北京市丰台区成寿寺路 11 号

　　邮编 100164　　电子邮件 315@ptpress.com.cn

　　网址 https://www.ptpress.com.cn

　　三河市嘉科万达彩色印刷有限公司印刷

◆ 开本：880×1230　1/32

　　印张：7.25　　　　　　　　　2025 年 4 月第 1 版

　　字数：132 千字　　　　　　　2025 年 4 月河北第 1 次印刷

定价：45.00 元

读者服务热线：（010）81055671　印装质量热线：（010）81055316
反盗版热线：（010）81055315

成年人的世界

打明牌、只筛选、不纠缠

博弈是认知心智

实力的一场较量

人与人之间，向来都是博弈

如果你想被某个人拯救，

那就自己去成为那个人。

前　言

用最小的代价实现最彻底的觉醒

在这个纷繁复杂的世界里，女性想从他人或自我的规训中觉醒，无疑是一场充满挑战与艰辛的征程。长久以来，女性被贴上了太多标签，女性仿佛天生就是柔弱的、被动的、依赖的。在追求自我成长和觉醒的过程中，女性往往需要付出更多努力，面对更多偏见和阻碍。

对于很多女性而言，最大的成长阻碍是自己。

所以，她们在觉醒之路上应与谁博弈？

应与内在的敌人，与那个在痛苦中自我加害的自己博弈。

那么，如何用最小的代价实现最彻底的觉醒呢？如何成为能够给自己底气的人呢？这就是这本书会告诉你的。它会教你拥有强者思维，让你在一场女性专属的成长博弈中取胜，成为全新、鲜活的自己。

真正的强者能够深刻理解人性、洞察社会规律。她们懂得运用智慧，而不是蛮力；她们善于利用资源，而不是孤军奋战。

正是基于这样的认知，我撰写了这本书，旨在为广大女性提供一套系统、实用的觉醒思维，帮助她们在成长的道路上更加从容不迫、游刃有余。

想要觉醒，你要懂得博弈之道。我们生活在一个充满竞争和博弈的社会中，情感关系也不例外。真正聪明的女性既不过度依赖，也不盲目付出。所以你要懂得如何让自己在别人眼中更加受欢迎和被尊重；你要学会情绪管理，减少内耗，保持内心的平静和强大。此外，你还要学会精简优化自己所处的环境，从环境和关系中获得托举。

想要觉醒，你要掌握强势文化砝码。要想在社会中立足并脱颖而出，就必须拥有自己的核心竞争力。如何发掘自身优势和独特性，建立强大的内核；如何保持自信和独立的姿态；如何避免因为过于感性而吃亏；如何为自己赢得更多的机会和资源——在本书中，你都可以学到。

想要觉醒，你要深谙相处之道。女性往往扮演着更加细腻和敏感的角色。在亲密关系中暴露过多的脆弱，可能是一场冒险。单纯的情感投入并不足以保证幸福，经营关系的关键在于你所能提供的价值。懂得如何借力使力，增加自己的筹码，辨别并珍惜那些真正值得投入的关系，是女性在情感世界中必修的智慧。

想要觉醒，你要善用向上社交规律。向上社交，是与智者同行的捷径，它不在于盲目攀附，而在于精准链接，相互成就。每一次深入的交流，都可能激发新的灵感火花；每一个结识的贤人，都可能成为你人生路上的灯塔。在社交圈中，把握每一次展现自我的机会，以真诚和专业赢得认可，让向上社交成为你成长的加速器，助你稳健前行。

想要觉醒，你要努力锻造自信有锋芒的自己。自信，是你面对世界时最坚实的盔甲，它让你在挑战面前不退缩，在机遇来临时勇敢抓住。而锋芒，则是你独特的个性与能力的展现，它让你从众多人中脱颖而出，成为不可忽视的存在。这不仅仅体现在精致的外表上，更体现在内在的力量上。学会在每一次跌倒后站起，在每一次成功后保持谦逊，让自信与锋芒，照亮你前行的道路。

想要觉醒，你得学会清醒地活着。这意味着在面对冲突时，你要有勇气坚持真实的自己，不退缩、不妥协；而在与世界的相处中，又能智慧地化解矛盾，达成和解。真正的自由，不是逃避冲突，而是勇敢地直面内心的力量。坚守自己的原则和底线，并非冷漠无情，而是用清晰的边界来抵御外界的精神侵扰。就像那些常被情感勒索的人，只有在心里装上一扇坚固的"防盗门"，才能避免自我能量的无尽消耗。

人生虽然有很多试错的机会，但真正清醒的人，绝不会在"得过且过"中放逐自己。觉醒的旅程，从不再用别人的剧本演绎自己的人生开始。所以从此时此刻开始，把这本书里我分享给你的信息作为工具，在自己的人生里演绎出独特的精彩吧。

这本书不仅是一本关于女性成长的指南，更是一本关于挑战人生的博弈论。它帮助你在面对挑战和困境时，能够运用智慧和策略，以最小的代价实现自我觉醒。

愿你能在阅读这本书的过程中，找到属于自己的力量和智慧，成为真正的强者。

小先生（裴旭峰）

2025.2.14

目录

001

第一章　人和人的关系，向来都是博弈

037

第二章 你越强势，别人越尊重你

073

第三章 深谙相处之道

107

第四章　善用向上社交规律

143

第五章　锻造自信有锋芒的自己

179

第六章　立人性之上，清醒地活

第一章

人和人的关系，
向来都是博弈

* * *

有时候，别人对你的态度，并不取决于你对别人好不好，而是取决于你手上的筹码和你的实力。在进退得失的博弈里，博的是价值。在有些人眼里，你的价值越大，你就越能满足他们的需求。

第一节　你的底气，来自你在别人眼中的价值

成功其实不仅需要个人的努力，更需要整合并调动资源的能力。成功者总是善于整合、合理利用自己手中的资源，以此来增加成功的概率，寻求更大的发展。

我们都知道，世间的商品、货物是被明码标价的。比如一台电脑价值五千元，一件衣服价值两千元，一套餐具价值几十元。我们用货币来购买商品，以满足自身的需求，这就是日常生活中最基本的价值交换。

实际上，世间一切有价值的东西都是明码标价的。成年人的世界里没有免费的午餐。真正维系人际关系的，是价值交换。

社会学家彼得·布劳提出了结构主义交换论，他认为每个人都需要从关系中获得想要的报酬，无论是像情感和陪伴

这种隐性报酬，还是物质和金钱这种显性报酬。想要维系一段关系，我们也需要供给对方想要的"报酬"。如果在一段关系中，我们既给予不了对方隐性报酬，也给予不了对方显性报酬，却只是一味要求对方"付酬"给我们，那这段关系注定不会长久。

每个人的需求不同，自身拥有的价值也不同，我们能做的就是根据自身的价值去寻找能互相满足需求的人。因此，为了拥有势均力敌的关系，我们需要努力提升自身的价值。

社交的底气来自你的内在价值

许多人往往将个人价值的衡量标准狭隘地局限于物质财富的累积，如拥有的房产、车辆与金钱的数量。但事实上，这只是基于世俗价值维度对一个人价值的衡量。如果往更深处探索，我们可以说，一个人的价值还蕴含于其内在修养、审美品位、学术造诣乃至情绪价值、社交能力等方面。

当我们不断积累这些更为丰富多元的"资产"时，实际上也是在不断提升自身的综合价值。这些"资产"不仅塑造了我们独特的个性与魅力，也为我们赢得了更强有力的话语权。在这样的基础上，我们与他人进行的价值交换，便不再仅仅是物质层面的交换，而是涵盖了智慧、情感、机遇等多方面的深层次交流。

一个人自身的价值越高，对他人的依赖就越小，因为他更有独立的资本。依赖是因为缺乏生存的安全感，一个人只有当其内核稳定、有能力独立生存时，才有摆脱他人、不依赖他人的勇气。

读懂了人性的特点，做事才不纠结

在人生道路上，我们不可避免地会遇到各种各样的人。有些人比较友好，有些人比较冷漠，有些人则比较自私。通过了解人性的特点，我们可以在应对各种人、事、物的时候更加游刃有余，从而更有可能得到我们想要的结果。

人性，既包括个体追求善良、正直、爱的本能，也隐含某些固有的弱点。我们尤其要正视并理解那些可能会导致我们陷入困境或冲突的弱点，这样我们才能在为人处世中保证自己不受伤害。

弱点一：贪婪与自私

人心不足蛇吞象，人性有自私的一面。 人性中往往存在着对物质、权力、地位等的欲望。适度的欲望能驱动个人成长和社会进步，但过度的欲望就成了贪婪，往往使人迷失方向，忽视道德伦理，甚至不惜伤害他人以达成目的。

了解这一点，能帮助我们在面对诱惑时保持清醒，避免被欲望吞噬，也能帮助我们理解人为何会在利益驱使下做出不理智的行为。

弱点二：恐惧与胆小

人类天生对未知、失败、失去等充满恐惧。这种恐惧感促使我们寻求熟悉和稳定，有时会成为阻碍我们尝试新事物、挑战自我的枷锁。更直白点儿说，因为天生的恐惧感，我们可能会错失好的机会。因为害怕受挫，我们甚至没有勇气解决冲突。

认识到人性的这一弱点，我们必须学会管理自己的恐惧，勇于面对挑战，不断突破自我限制。

弱点三：偏见与固执

看到的不一定是真相，坚信的未必就是真理。在处理信息和做出判断时，我们往往受到先入为主的观念、个人经验或群体压力的影响，从而形成偏见。这种偏见会使我们习惯于用旧模式处理新问题，结果自然不会理想。

了解并反思自己的偏见，保持开放的心态，是建立和谐人际关系、促进有效沟通的关键。

通过深入了解并正视人性的弱点，我们能够更加全面地理解他人的行为动机，同时也能够自我反省，不断提升自己的情商与认知水平。在理解人性的同时，我们也能更好地引导自己，以更加成熟和理性的态度处世，实现个人价值与社会价值的和谐共赢。

不断增值，成为他人眼中的高价值者

如果我们没有如实展现出自己的价值，或者自身价值没有被对方看见，对方就可能去其他地方寻求满足，比如去接近他所认为的高价值者。

因此，我们应该有不断提升自身价值的意识，并且要让对方看见自己的价值。同时，我们也要时刻保持清醒和独立，不要把全部希望寄托在别人身上，人最终能依靠的大概率只有自己。

我们的思想和认知便是带我们"杀出重围"，不断增值的利器。我们只有对自己有清晰的认知，才更可能获得自己想要的东西；反之，对自我缺乏清晰认知的人就会陷入错误思想的漩涡。只有及时纠正错误的思想，我们才能增值。

我们需要抓住一切机会学习、进步，让自己的能力越来越强，让自己拥有越来越高的"议价"能力。这样在面对自己想要的东西时，我们才有敢要的底气。**每一次对知识的汲取，都是对自己能力的一次投资**。随着自我投资的累积，我们的内核会更加稳定，也更有勇气直面自己的不足，更知道该如何提升自己的竞争力，使自己变得更加独立、有力量。

　　真正的力量，源自内心不断的成长与积累。"好风凭借力，送我上青云"，让我们学会借助人性的特点，通过自己的努力，乘风而上。

不从自己身上找原因，

而从别人身上找原因，

这是许多人的习惯。

凡事不反省自己，

其实是无能的表现。

第二节 弱者都在表达情绪，
强者都在利用情绪

医学教授胡弗兰德说："一切对人不利的影响中，最使人短命夭亡的，就要算不好的情绪和恶劣的心境。"生活本就由无穷的琐事构成，一味放任情绪，只会让我们跌入谷底，因为每陷入情绪一分钟，就会损失一分钟解决问题的时间。

人与人之间的差距往往不在于工作能力，而在于情绪管理能力。越厉害的人，越没有情绪吗？不是。真相是越厉害的人越能够掌控情绪。情绪如同心魔，你不驾驭它，它早晚会吞噬你。

弱者，往往都在表达情绪，活在情绪里，易怒如虎；而强者，往往都能利用情绪，活在事情的解决里，减少外界干扰对情绪的影响，且能量自生。

活在情绪里的人，终为情绪所误

项羽一生，最辉煌的战绩，是巨鹿之战。

当时，秦军四十万，楚军五万。项羽先派部将率两万士兵过河，试探性攻击秦军，取得小胜后，项羽亲自带兵过河，过河后，下令把船全部凿沉，把做饭的锅全部砸碎，把行军的房子全部烧掉，每人只带三天干粮，以此表达"不战胜毋宁死"的决心。最后，项羽的军队以少胜多，大败秦军，奠定了巨鹿之战胜利的基础。这一战，也打响了项羽"西楚霸王"的威名。

但项羽身上有一个致命缺陷，就是情绪管理能力太差。比如，项羽打下咸阳后，有人建议他在咸阳建都，因为咸阳地势险要，易守难攻，而且经济发达，资源丰饶。但项羽看到咸阳被烧成一片废墟，又思念家乡，就拒绝了，还说了那句著名的"富贵不归故乡，如衣绣夜行，谁知之者"，意思是，富贵后如果不回老家，就像穿着好衣服在黑夜里行走，谁能知道呢？

劝他的那人便在私下对别人说，都说楚人是猴子戴帽扮人的模样（沐猴而冠）。项羽听说了这话，大怒，立即把那人给烹死了。

再看刘邦，彭城之战后，战败的刘邦仓皇出逃，路上遇到了他的儿子刘盈和女儿鲁元公主，给刘邦驾车的夏侯婴想带上他们一起走，但马已经跑得非常慢了，如果带上这两个孩子，肯定跑不过项羽的追兵。刘邦几次把孩子放下来，夏侯婴就几次把孩子抱上车，如此反复，刘邦非常着急，甚至几次用脚把孩子踹下车。刘邦为什么这么做？因为他知道，如果带上孩子，几个人都活不了，只有把孩子踹下车，自己才能活下去。

刘邦是理性战胜了感性，而项羽呢，是感性战胜了理性。

项羽最后被刘邦逼到乌江边，本来是有机会逃跑的，但项羽却选择自刎而死。项羽为什么自刎？因为项羽觉得无颜见江东父老。项羽的自尊心太强，而自尊心过强，很多时候就是情绪管理能力差的一种表现。

项羽一生，败于情绪者，十之八九。

真正的强大，不被情绪裹挟

刘邦和项羽争天下，项羽抓住刘邦的父亲和老婆，以此要挟刘邦投降。项羽把刘邦的父亲放在案板上，对刘邦说：

"如果你不投降，我就把你父亲烹了。"

刘邦说："当初我和你项羽一起受命于楚怀王，结为兄弟，我的父亲就是你的父亲，如果你一定要烹了你的父亲，请分我一杯羹。"

项羽一听这话，大怒，想立即烹了刘邦的父亲，但项伯劝住了项羽。项伯对项羽说："杀刘邦的父亲，一点好处都没有，只会增加刘邦的仇恨，不如好好优待他们，用来招降刘邦。"

项羽听从了项伯的建议。

刘邦这句话，虽然听起来很无耻，但他能说出这种话，恰恰说明他的情绪管理能力非常强。刘邦不会因为项羽的要挟而愤怒，也不会因为项羽的要挟而失去理智。

刘邦和项羽，是情绪管理能力一强一弱的两个典型代表。刘邦最后能战胜项羽，建立汉朝，奠定了400余年的大汉基业，从某种程度上说，也是他们情绪管理能力的差距导致的结果。

弱者都在表达情绪，强者都在利用情绪

弱者，都在表达情绪，而强者，都在利用情绪。**表达情**

绪，是本能；而利用情绪，是本领。

什么是表达情绪？就是任由自己的情绪肆意流淌，不加掩饰，不加节制，不分场合，不管对象，不考虑后果。

什么是利用情绪？就是知道情绪是一种力量，是一种资源，是一种武器，可以为我所用，可以产生价值，可以影响他人。

表达情绪，是情绪控制你；而利用情绪，是你控制情绪。表达情绪，是做情绪的奴隶；而利用情绪，是做情绪的主人。

表达情绪，是任情绪泛滥，不加节制；而利用情绪，是懂情绪周期，知情绪规律，会调节情绪，能驾驭情绪。

表达情绪，是情绪化，是任性，是肆意妄为，是冲动鲁莽；而利用情绪，是理性，是冷静，是审时度势，是权衡利弊，是深思熟虑。

表达情绪，是弱者；而利用情绪，是强者。

那么，如何做情绪的主人，而不是情绪的奴隶呢？

第一，学会暂停。当你遇到让你愤怒、焦虑、恐惧的事时，不要立即发作，也不要立即逃避，而是先停下来，深呼吸几下，让自己冷静几分钟。这几分钟，非常重要，也非常关键。因为人在情绪失控时，很容易做出不理智的决策和行为，也很容易得罪人、办错事、说错话。

而当你停下来，深呼吸几下后，你的理智就会开始慢慢回归，你的情绪也会慢慢平复，从而能做出正确的决策和行为。

第二，学会转移。如果你实在控制不住情绪，那就转移一下注意力，暂时离开那个让你产生负面情绪的人或事，去做一些你喜欢的事，比如运动、读书、听音乐、看电影、打游戏等。

当你专注于你喜欢的事时，你的负面情绪就会慢慢消散，你的心情就会慢慢变好。

第三，学会反思。当你的情绪稳定下来后，你要反思一下，你为什么会产生负面情绪？你的负面情绪是由哪些人和事引发的？你的负面情绪背后，有哪些深层次的原因？

当你想清楚这些问题后，你就能更好地认识自己、理解自己、接纳自己，也就能更好地控制情绪、驾驭情绪、利用情绪。

第四，学会表达。情绪是宜疏不宜堵的，当你有负面情绪时，不要压抑，不要逃避，而是要找一个合适的方式、合适的对象、合适的场合，把它发泄出来。

你可以找朋友倾诉，可以找家人分享，可以找专业人士咨询，可以找笔记本写下来，可以找没人的地方大喊大叫，可以找沙袋使劲捶打。当你把负面情绪发泄出来，你的内心就会舒畅很多，你的情绪也会稳定很多。

第五，学会调节。你要学会使用一些调节情绪的方法和技巧，比如深呼吸、冥想、瑜伽、按摩、泡澡、散步、睡觉等。

当你有负面情绪时，你就可以运用这些方法和技巧，让自己的情绪慢慢平静下来，让自己的内心慢慢强大起来。

第六，学会成长。你要多读书，多学习，多经历，多见世面，多提升自己的认知水平和思维能力。

当你的认知水平提高了，你的思维能力增强了，你就能更好地认识情绪、理解情绪、接纳情绪、控制情绪、驾驭情绪、利用情绪。

情绪，是每个人都要面对的课题，也是每个人都要修炼的能力。

愿我们都能成为情绪的主人，而不是情绪的奴隶。

这个世界上，

有些人只想着自己要什么，

从来不想别人要什么，

他们妄想就这样实现自己的愿望。

第三节　停止供养他人，
养成反内耗体质

　　我们好像从小就被装进了别人的标准答案里。一看见爸妈皱眉头，立马觉得自己做错了事；被老师夸两句，就恨不得把所有事情做到 120 分。小时候觉得这叫"懂事"，长大才发现，这根本是把别人的心情当成了自己的考试卷。老板黑着脸，你连夜改方案；同事叹口气，你赶紧赔笑脸——好像全世界都是监考老师，而你永远在参加一场叫"让所有人满意"的考试。

　　但你知道吗？把别人的考卷抢过来写，最后只会累死自己。领导批不批准方案，那是他该琢磨的事；爸妈接不接受你的工作，那是他们该消化的情绪；朋友理不理解你的选择，那是他们要做的功课。可你总在干傻事：为了让父母点头换了三份工作，因为同事甩脸色揽下所有杂活，被亲戚催婚就硬着头皮去相亲——你活得像个全天候救火队员，但其实烧起来的都是别人家的院子。

心理学家阿德勒提出"课题分离"的概念。他说的"课题分离"特别像分快递：这件包裹上写着谁的名字，就该让谁签收。就像我当年纠结要不要换掉父母看不上的工作，后来才明白：选什么工作是我的包裹，我要做的是拆开看到底适不适合我。

课题分离的分类

我们每个人在一生中会遇到的课题主要分为三类，即别人的事、自己的事和"老天的事"。

别人的事就是别人的课题。如果我们妄加干涉，就会承担自己不该承担的责任。我之前找了一份工作，能赚不少钱，但是父母认为那个岗位的社会地位不高，虽然没有正面说过，但是话里话外总透露着反对。那段时间里我感到很为难，心情一直笼罩在阴郁中，希望赶快摆脱这种"不被认可"的情感。这时候，父母其实就是在对我的课题进行干涉。但其实，这根本就不是他们需要操心的事情。

关于自己的事，我们习惯于在意别人的看法，从而无意识地让别人掌握着自己的命运。我有一个朋友原本是坚定的不婚主义者，但在父母"一哭二闹三上吊"的逼迫下，她火速和相亲认识的人结婚了。由于婚前了解的时间不长，婚后种种问题暴露出来，对方的懒惰、不负责任让她陷入困扰之中。而这时候她恰巧怀孕了，父母就劝她忍一忍，不能让孩子从小就没有爸爸。但对方变本加厉的做法导致她最终还是选择分开。这段走错的人生路，便是她没能处理好自我课题的后果。

人生的道路是自己走出来的，我们能够做的也只有"选择自己认为最好的道路"。至于别人如何评价，那是别人的课题，是我们无法左右的。

不断寻求别人的认可，实则是将他人的情绪、需求甚至责任，错误地视为自己的"课题"，从而忽视了自我价值和内心真正的需求。长此以往，我们只会徒增自己的痛苦。

至于"老天的事"，这一概念在"课题分离"的理论框架中指的是那些超出个人控制范围、无法由个人意志改变或影响的自然规律、环境变化及不可抗力因素。这些事物和力量不受我们主观意愿的影响，是客观存在且不以人的意志为转移的。

举例来说，天气变化、自然灾害（如地震、洪水）、社会变动及科技发展、疾病（特别是遗传性疾病或突发的严重疾病）、衰老、死亡等，都属于"老天的事"。我们无法预测这些事件的发生，也无法单凭个人力量去阻止或改变。"老天的事"提醒我们，要在纷繁复杂的世界中保持平和的心态，减轻不必要的心理负担，将更多的精力和注意力集中在自己能够掌控和影响的领域上。

这包括积极面对和处理自己的事，如个人成长、职业规划、情感关系等。同时，我们也要学会尊重和理解别人的事，不轻易干涉他人的选择和决定，保持适当的界限感。

当我们遇到问题的时候，首先要思考一下"这是谁的课题"，进行课题分离，区别开哪些是自己的事，哪些是别人的事，哪些是"老天的事"。然后我们要冷静地划清界限，不去干涉别人的课题，也不让别人干涉自己的课题，就像用一把利剑斩断错综复杂的人际关系，时刻清晰地找到自己的目标和方向。最后，选择自己认为最好的道路，别人如何评价我们的选择，那是别人的课题，我们根本无法左右。我们需要明白，每个人的命运都是不同的，他人的喜怒哀乐、悲欢离合，并非我们能够全然掌控或代替承受的。

因此，有时候拒绝助人并非意味着冷漠或无情。只在适当的时候给予支持，才是尊重每个人独立面对生活的权利与选择。只有这样，我们才能在关爱他人的同时照顾好自己，不让过度的付出成为负担。

总之，我们要做的就是为自己的感受负责，关注自己的感受。至于其他人和事，都和自己无关。

课题分离怎么做

课题分离不是冷漠地画三八线，而是在复杂的情感联结中，为自己搭建"精神操作台"。学会课题分离，可以帮助你在复杂的关系中找到恰当的相处边界，让你既能关心他人，又能坚守自己的内心，不被无端的情绪和责任压垮。这就好比在熙熙攘攘的世界里，每个人都有自己要走的路，课题分离就是帮你看清自己的路在何方，同时尊重别人的道路选择。

与家人相处时，建立情绪翻译器

在原生家庭里，我们和父母的相处常常会出现矛盾。这时候，懂得区分事实信号与情感噪声尤为必要。

比如父母老是盯着你的工作念叨"这个工作说出去不好听"，这时候可别急着生气或者自责，试着进行课题分离的拆解。

事实信号是：父母挑剔你的工作，对你的职业未来有过多担忧。（这是父母的课题）

情感噪声是：你因为父母的话而感到委屈和苦闷。（这是你的课题）

改变一个人是最困难的事，你改变不了父母，但可以改变自己面对父母时的情绪。很多人都希望成为父母眼中的骄傲，哪怕成年了，也希望各个方面都能获得父母的认可。按自己的意愿生活和获得别人的认可，这两者并不矛盾，但前者是你应该走的路，后者你是想走的路。**一个人，要学会走完该走的路，再走想走的路**。

下次再遇到这种情况，你可以试试这三句话。

第一句，点头接情绪，如"爸妈我知道你们怕我吃亏"，接住对方的焦虑；

第二句，亮出课题归属，如"但我得自己试试这份工作合不合适"，明确表明自己才是这件事的主人；

第三句，转移话题，如"下个月发了奖金，带您二老去体检"，把话题引到大家都关心的事情上。

这样既没和爸妈对着干，又悄悄划清了彼此的课题界限。

在亲密关系中，制造呼吸感

真正的亲密不是 24 小时共生，而是像双人舞——接触时能传递温度，分离时各自保持平衡。该挽手的时候，掌心滚烫，一起制造纪念日惊喜，这就是共享课题；该松手的时候，各自旋转，他看球赛你追剧，这就是各自的独立课题。

比如说周四晚上八点，他瘫在沙发打游戏，你对着电脑改方案，他突然来一句："你眼里只有工作！" 这时候别忙着吵架，递出选择菜单。A 选项："等我搞定这页 PPT，陪你决战到十点"，就像给手机设个充电倒计时；B 选项："现在休战！" 有个个案就用这招，治好了她老公的"周末必须绑定症"，现在她老公钓鱼时她在画室，朋友圈晒出的各自收获可比摆拍合照鲜活多了。

父母会"甩锅"，孩子更优秀

父母得学会"甩锅"，把该由孩子承担的责任还给孩子。最明智的家长，是在孩子遇到事情时，家长扮演一个"不太管事"的引导者角色。以小学生开学为例，精明的家长懂得因材施教。孩子低年级时，给予适度引导："你可以自主选择先做语文作业还是数学作业，不过要在九点前完成哦。"借此培养孩子自主选择的能力。等孩子升到高年级时，就得让他们为自己的行为负责，"要是忘带作业，你得自己跟老师解释清楚"，以此激发孩子的责任感。

成长是一场破茧成蝶的蜕变，而责任则是这场蜕变的催化剂。当孩子渴望拥有一件心仪已久的物品时，父母不妨将获取的过程化作责任的试炼场，建立起责任与收获紧密相连的成长体系。在这个体系中，孩子每一次付出努力，都是在为自己的目标添砖加瓦；每一次承担后果，都是在磨砺自己的心智与能力。让孩子在追求目标的过程中，历经风雨的洗礼，才能让他真正领悟到成长的真谛，拥有独立翱翔的力量。

总之，课题分离不是要我们在关系中变得冷漠疏离，而是帮我们找到与人相处最舒服的边界。不盲目背负他人的情绪和责任，也不轻易让自己的生活被他人随意干涉。

当我们不再大包大揽，不再试图掌控他人的课题，就会发现自己的内心变得更加开阔。没有了那些不必要的负担，我们才能**避免掉进情绪里，而是更清晰地活在目标里**。

人生的意义

不在于

拿一手好牌，

而在于

打好一手烂牌。

不要掉进情绪里，

要活在目标里。

第四节　把自己送到能托举你的地方

人都会被环境强化和塑造。**人总试图驯化环境，却常忘记自己才是被驯化的对象**。

白岩松曾在一次演讲中谈道："在 30 岁之前要玩命地做加法，要去尝试，因为你不知道自己有多少种可能，你也不知道命运将会给你怎样的机缘；而 30 岁之后一定要做减法，找到自己适合的，用力打一口深井。"白岩松提醒我们一个人的生命容器是有限的，我们应学会做减法。在我看来，选对生存环境是做人生减法的有效捷径。选择有利于自己成长的环境，其实是对"有毒"人际磁场的屏蔽，是从信息沼泽紧急撤离，是将自己从"消耗型地理"向"赋能型生态位"的战略转移。

最高阶的断舍离不在居所的清理，而在生存坐标的重置。小洞里掏不出大螃蟹。**我们不是缺乏成长的勇气，而是**

低估了淤泥对羽翼的腐蚀速度。身处局限的环境，成长必然受限。真正的成长，在于将自己从腐蚀性环境中连根拔起，移植到能触发基因进化的土壤里。被动接受环境等于慢性自杀，主动选择环境等于自我迭代。用三年换圈层突围，好过三十年原地打转。

在有限的生命里，主动选择能够托举自己的环境，比艰苦的努力更能突破成长天花板。

改变自己，从换个环境开始

人类自诩高等生物，实际上也受环境的影响。我们常误以为自己拥有独立思考的能力，实际上，我们的思维深受周遭环境的影响。你是否曾深思过，你的思想是真正独立的产物，还是仅仅是对过去几十年所处环境的反映？

"孟母三迁"这一典故深刻揭示了一个道理：人的成长深受其所在环境的影响。尽管这一观点广为人知，真正理解和践行其深意的人却寥寥无几。我们所处的环境，往往决定了我们能否在人生道路上取得成就。不利的环境很难培养出卓越的人才。然而，人类也拥有快速适应环境的能力，无论身处何地，我们都能找到生存之道。

人的大脑每天都在处理外界输入的信息，无论我们是否愿意，这些信息都会在我们的脑海中留下痕迹。因此，我们所接触的信息内容至关重要。

而所谓的"垃圾信息"，即那些与我们个人成长和提升无关且只会浪费我们的时间和精力的信息。很多人深受其害，他们热衷于闲聊琐事、八卦。这些话题看似轻松有趣，但实际上并无多大价值，可以视作部分商家为了获得消费者的关注而精心设计的"陷阱"。

生命的本质在于时间，很多人每天都在不经意间将生命耗费在这些无意义的事物上。聪明的人懂得筛选信息，避免让无价值的信息占据大脑空间。因此，我们在追求个人成长的道路上，必须学会"断舍离"。优质的休闲娱乐活动有其存在的价值，但我们必须果断割舍不利于个人成长的诱惑，专注于自身的成长和进步。

在人生旅途中，选择正确的人际交往圈子及工作平台至关重要。为了个人成长和事业发展，我们应当寻求积极向上、有助于个人提升的平台和关系。

我们所在的环境、接触的朋友，决定了接收的信息的质量。所以，要改变自己就要先换环境，"近朱者赤，近墨者黑"，优秀的人说话做事的方式，会潜移默化地影响我们，让我们变得越来越好。

与积极向上的人为伍，加速自己的被动成长

在探讨个人成长与成功时，我们必须认识到环境及人际关系的重要性。科学研究发现，人的大脑中存在镜像神经元，这意味着我们倾向于模仿和复制周围人的行为与思想。这一发现为我们提供了一个认知：我们的选择，尤其是我们与谁交往，我们所处的环境，都将深刻影响我们的思维方式和行为习惯。

我曾在实践中深刻体验到这一点。有那么一段时间，我觉得自己整日处于阴郁之中，脑子里都是消极的想法，这让我感到很痛苦。经过深入思考，我发现我所处的环境出现了问题，其氛围和人际互动模式限制了我的思维和视野。

为了寻求改变，我选择了搬迁至一个更加积极向上的社区。在那里，我接触到很多成功、有远见的人士，他们的行为和思想对我产生了正向的影响，促使我不断复制和学习。

这一经历使我更加坚信，个人的成长和成功取决于自身的努力，更取决了我们所处的环境和交往的人群。不同的社会阶层和环境会为我们提供不同的信息和刺激，这些信息和

刺激将塑造我们的意识和观念。因此，选择一个优秀的平台和环境，与积极向上的人为伍，对于实现个人价值和成功至关重要。

为了成功，我们需要进行自我反思和审视。首先，我们需要分析自己当前的人际关系和社交圈子，识别那些对我们产生正面和负面影响的人。其次，我们应该积极加入那些能够激发我们潜力、提升我们能力的社交团体和组织。通过主动参与这些团体和组织，我们将有机会接触更多优秀的人士，学习他们的成功经验和方法，从而加速自己的成长和成功。

假如我们跟一个很重视健康、热爱运动的人在一起，我们也会被带动着开始运动。如果身边的人每天都在琢磨怎么更高效地工作，每天都在培养兴趣爱好，每天都在学习，我们就会觉得游手好闲、沉迷于游戏很奇怪，我们会跟这些人一样努力，更用心地工作和生活，这是人对归属感的渴求所推动的。

朋友对一个人的影响非常大。当我们了解到这一点之后，不妨做两件事情。第一是拿出纸和笔，写下自己的朋友有哪些；第二是动笔分析一下自己现在经常跟哪些人在一起，最好的朋友是做什么的，他带给自己的影响是正面的，还是负面的。

分析过后，我们就要远离那些负能量满满的朋友，然后多与积极生活、乐观向上、做事很有效率的人交往。长此以往，我们的成长就会悄然发生。

消极的人只会抱怨社会不公平，埋怨大环境不好，却不从自己身上找原因。如果我们经常跟这样的人在一起，一定会受到负面影响。我们必须想尽办法让自己避免受到负面的影响，主动加入有正能量、有影响力的圈子和组织，这样才有助于我们的成功。

舍弃错误思维，塑造独立思考能力

在探讨人生的命运与成就时，古话常说"生死有命，富贵在天"。我们不能否认，个人的出生背景、家庭环境等因素对一个人的成长确实有着深远的影响，但人的命运并非完全由外界环境决定，在很大程度上还是取决于个人。

父母作为我们成长过程中的重要导师，他们的思想观念、行为模式无疑会对我们产生深远的影响。然而，这并不意味着我们必须完全接受并复制他们的观念。我们应该学会批判性地接受，并在实践中逐步塑造自己的独立思考能力和价值观。

事实上，个人的成长与成功往往取决于对环境的正确选择和对自我的不断提升。通过不断学习和实践，我们可以逐渐摆脱原生家庭的束缚，拓宽自己的视野和思维，从而为自己创造更多的机会和可能性。

在这个过程中，我们需要注意以下几点。

首先，要意识到环境对个人成长的重要性，并主动寻找有利于自己发展的环境。

其次，要学会批判性地吸收信息，不盲目跟随他人，根据自己的实际情况和目标做出选择。

最后，要珍惜时间和精力，将其投入能够为自己创造价值的活动中去。

聪明人在意自己的精力与时间的用处，在意所做的事情是否能为自己创造价值，凡是不能为自己创造价值的事情就不去干。能坚持这样做，我们的未来就会越来越好，反之，我们就会随波逐流，被光怪陆离的事物吸引。比如，一天看几小时的短视频，除了打发了时间，又有什么意义呢？

每一个人都可以在某种程度上约束自己，也可以放弃自己。只要心存希望，并立刻行动起来，就能改变自己的未来。如果坚信命运天注定，那或许只能怨天尤人地过一生。

时间是最宝贵的东西。

如果无事可做，

我就选择独处，

一个人品味人生。

时间最值钱，

不要把自己的时间浪费在

无关紧要的人身上。

第二章

你越强势，别人越尊重你

* * *

强者在成为强者之前，也是弱者。强者与弱者的最大不同，在于思维。世界上最大的监狱，是局限的思维。

第一节　永远长不大的人，
都对依赖上瘾

在讨论人际关系时，依赖和独立是两个核心的概念，两者相互联系、相辅相成。依赖指我们借助他人的力量来满足自己的需求；独立则指我们通过自身努力满足自己的心理需求和现实需求。

当下是歌颂独立的时代，很多年轻人不再把婚姻当成人生的必需品，他们将更多的精力与热情投入个人成长和职业发展上，在独处中找寻乐趣，在自我探索中收获成长。这种内心世界的富足让他们不再过分依赖外界提供的情感。

但世界本就不是非黑即白的，凡事都讲究度。**独立并不意味着孤立无援，更非拒绝所有形式的依赖**。独立不是单枪匹马闯江湖，而是将"我本位"一以贯之。适当依赖他人，通过他人的帮助来完成自己的目标，既可以让自己在忙碌的生活中获得喘息的机会，也可以让对方在助人这件事中获得价值感。

人是群居动物，恐惧是人性的特点之一。一个人面对光怪陆离的生存环境，难免会有打怵、内心脆弱、孤独无依的时候。而他人存在的意义，则是能够陪伴我们度过绝望和黑暗的时刻。

我认为每个人在关系中都要**找到独立与依赖的平衡**。在保证内核独立的前提下适当示弱，但永远不要让对方厌烦你的依赖和脆弱。

经营亲密关系，要有独立的心灵

我有一个女生朋友，她在大学期间谈了一场"轰轰烈烈"的恋爱，并且天真地以为自己是男朋友的"拯救者"，沉浸在自我感动和盲目付出中。每当男朋友召唤她时，她总是毫不犹豫地放下手中的一切去回应他。她甚至觉得，如果两人不在一起共进晚餐，就会错过宝贵的相处时光。因此，她常常在等待中度过漫长的时光，即使有时胃痛难耐。

当发生矛盾与争执时，她往往是主动道歉的一方，有时甚至为了挽回对方不惜丧失尊严。她认为爱能感化一切，期待有朝一日对方能感受到她的付出与真心，而男朋友却经常在公众场合指责她的言行举止，对她处处贬低和训斥，让她觉得配不上自己的同时，还让她误认为这是自己表达爱意的方式。幸运的是，毕业后他们因去往不同的国家而分开，我这位朋友也渐渐从情伤中走了出来。时隔多年再回忆起这段感情时，她笑自己当时太年轻，又是第一次恋爱，所以过于依恋对方，以至于失去了自我。

真正的爱情，从不是依赖对方，而是依赖自己，拥有独立的心灵，才能够站着面对另一半。

一段健康的关系应该是建立在相互尊重和平等交流的基础上的。没有人应该通过刻意付出来换取对方的关注与认可。

千万不要寄希望于别人会对你的情感负责。任何人的行为都有动机，至亲至爱之人的爱也有所期待，比如期待你更快乐、更健康。但如果你依然我行我素，爱熬夜、吃垃圾食品，他们也不必为此负责。每个人的人生，都需要自我负责。**你的喜怒哀乐，也只有一个责任人，那就是自己。**

想要保持自己的独立性，可以从如下几方面入手。

第一，真正的成年从"卸载人生参考答案App"开始。当我们不敢独立去做一件事，总想跟他人一块儿去做时，就应该警醒自己可能有了心理依赖问题。心理依赖是缺乏安全感的表现。心理依赖就像情感上的拐杖。很多人不敢自己拿主意，总是希望身边人能够帮助自己决策，他们把身边至亲至爱之人的话当作标准答案。这种行为本质上是用他人脑回路代偿自己的决策焦虑。其实，与其当二手人生体验官，不如做自己命运的甲方。要摆脱心理依赖，我们要做的就是不要让别人替我们做出决定，相信自己，坚持自己的见解与看法，不执着于获得他人的认可。

第二，知道自己想要的是什么。一个人只有知道自己想要的是什么，才能抵御诱惑，达成目标。很多人活到现在，并不清楚自己想要什么，他们的生活完全对标别人的步伐和要求。看到别人考研，自己也要考研；父母催着结婚，自己就去相亲。如果只是活在他人的框架里，就永远感受不到自己想要的幸福。所以，即使独自"达成目标"的路途是困难重重的，也要从现在开始，学着独立地生活，独立地向着自己的目标前进。

第三，真正的独立生存是场精神断奶。无论做什么事都有意识地不依赖父母或其他人。在做事情之前全方位地思考，把得失利弊考虑清楚，同时，在完成每件工作或者事情之后都进行复盘，促进知识的转化和内化，将自己从实践中获得的零散知识进行系统梳理和整合，让它们真正变成自己能够灵活运用的能力。当你能用"复盘思维"把经验值转化为技能树，用风险预判替代妈宝式决策时，才算迎来自己真正的成年礼。

所以说，想要拥有更好、更独立的生活，本质上其实是更加专注于自己。这个时代真正的奢侈品，不是爱马仕也不是学区房，而是敢对世界说"我的剧本拒绝代笔"的底气。当你真正做到"人间清醒"时，宇宙都会为你亮绿灯。

心思在别人身上的人，会变成废物。

心思在自己身上的人，会变成魅力人格体；

有什么样的思维，

就能创造什么样的生活。

心智不成熟的人，

总是给自己找麻烦，自己坑自己。

一个再优秀的人，

一旦陷入弱者思维，

便如同陷入泥潭，难以自拔。

第二节　你不成事的原因，
很可能是因为不够狠

　　知乎上有一个话题吸引了很多人的关注："30 岁的女人最好的状态是什么？"一个高赞的回答是："眼里写满了故事，脸上却不见风霜。"

　　女性要对自己"狠"一点儿，但是这里的"狠"并非指苛刻或无情，而是指对自己的严格要求。这包括对自己事业的经营、容貌的呵护、身材的保持、形象的打理，以及情绪的管理。另外，学会理财，不随意挥霍，也是对自己负责任的表现。这样的女性，才能在人生的道路上稳步前行，逐步实现自己的目标。

　　首先，对自己的事业要狠。事业是底气，一个女人最大的魅力，就是拥有经济独立权。你务必建立一座属于自己的"城堡"，因为只有拥有自己的"城堡"，才能成为自己的女王，而工作就是你建成"城堡"的重要手段。

其次，对自己的外在要狠。这主要指形象气质的管理。随着年龄的增长，你可能会在自己的形象管理上有所疏忽。而良好的形象不仅能够提升你的自信心，让你保持好心情，还能向他人展示你的自律，提升他人对你的好感和信赖度。

最后，对自己的原则要狠。即在处理亲密关系及其他人际关系时要有原则。

你要做到既温和又严格，以温和的态度应对琐事，对待外界充满善意和包容，同时，坚守自己的原则和底线，确保自己的价值观和标准不受他人的影响。当然，你也需要关注自己的需求，适当为自己争取一些资源。这并不是自私的表现，而是对自己的关爱和尊重。当你能够照顾好自己，满足自己的需求时，自然会散发自信和魅力，让他人更加尊重和欣赏你。

你要坚定地维护自己

我有个关系非常好的女性朋友，她在 27 岁时经历了婚姻的变故。原因是她的前夫沉迷于赌博，尽管她给过前夫儿次机会，但是对方都没有任何实质性改变，两人最终还是离婚了。虽然前夫能够提供情绪价值，但赌博是一件违背她原则的事。她看不到任何希望，痛定思痛后和前夫分开了。离婚对于女性来说无异于自断手腕，但是她成功地熬过来了。

当生活发生改变时，比如离婚，我们一定会收到来自四面八方的关心。这些关心大多来自亲友的善意，但其中也可能包含一些质疑。但我们要明白，**无论外界如何议论，最重要的是自己的感受和选择。**

无论我们处于何种身份地位，面临何种处境，都不必过多地向他人解释自己的决定。因为生活是自己的，我们有权选择自己的生活方式。

要知道，**真正关心你的人，会尊重你的决定，而不是试图干涉你的生活。**当你变得足够坚强和独立，那些试图干涉你的声音就会逐渐消失。因为你已经用自己的行动证明了，你有能力为自己的选择负责。

独立思考、独立自主和独立承担是走向更好生活的重要步骤。无论做什么样的决定，都请相信自己的选择，并勇敢地面对生活的挑战。

我朋友虽然是一个独立、有思想的人，但是在准备离婚的那段时间，她一度从100多斤暴瘦到80多斤。后来见面，她背对着我，我根本就没认出来她。她经历了很痛苦的一段时间，但是她属于"狠人"，不纠结、不抱怨，这就是强大的女人。既然选错了人，那就承担后果，能依靠的只有自己。

如果你遇到岔路口，要坚定地去选择对自己有利的那条路，相信自己，不要拖泥带水。

人，因思维而彰显价值；

人，也因其思维而贬值。

更有甚者，被困在思维的牢笼里。

一切损失，

都是因为思维出了问题。

思维出了问题，

即便是好棋也会走成败局。

第三节　别因道德感过高而在关系中吃亏

自幼时起，我们便被教育要"老实本分做人"。于是，我们学会了用道德的标尺衡量自己，但有时却也在无形中构建了一个自我设限的牢笼。"道德感过高"往往体现为"自我苛求""不懂拒绝""讨好型人格"等。我们害怕得罪他人，恐惧拒绝带来的负面评价，因此常常在内心深处经历着自我消耗与自责。

正如《被讨厌的勇气》中说的那样，"毫不在意别人的评价、不害怕被别人讨厌、不追求被他人认可"，真正的自由与幸福，并非来源于外界的认可与赞美，而源自内心的坚定与自洽。

当我们学会以更加平和与开放的心态去面对生活，卸下身上背负的过重的道德枷锁，人生就会变得明媚和轻快。

那么在现实生活中如何塑造健康、适度且平衡的道德感呢？

首先，每个人都应该有自己的道德底线和原则，但有时候要避免道德感过高。道德感过高可能导致我们的视野和选择受限，追求自己的目标时显得谨慎和保守。但这并不意味着我们要放弃自己的原则，而是在坚持自己的道德准则的同时，灵活应对各种情况。

对于我们来说，适当放松对自我的要求是很重要的。具有过高的道德感，通常是因为对自己的要求过高，想要做一个"完美"的人。但人是有缺陷的，没有人是完美的。我们需要接受自己的缺陷和不足，学会原谅自己。同时，我们也要知道每个人都有自己的道德标准和价值观，因此要尊重他人的选择和行为，不过分评判和谴责他人。

其次，多接触新事物和新思想。具有过高的道德感通常是因为思想固化，缺乏新的思想和经验。如果总是遵从过往的标准，而不与时俱进的话，很可能与身边的人产生误会和冲突。因此，我们不仅要知道、理解道德规范，也要学会随着环境和时代的变化而调整内心对各种事物在道德层面上的理解。我们可以多接触新事物和新思想，扩展视野，了解不同的文化和生活方式，这有助于我们打破固有的思维模式，变得更加开放和包容。

最后，培养自信和勇气。太强的道德观念有时会束缚我们，让我们不敢放松地行动或说话，担心受到别人的批评。长此以往，我们会逐渐缺乏自信和勇气，不敢去尝试新事物和挑战自己。因此，我们需要培养自信和勇气，勇敢地尝试新事物，挑战自己，这有助于提高我们的主动性，久而久之，我们便能聚焦自己的内心，不惧外界的眼光。

真正的自爱是有敢要的勇气

我的一个姐姐在乘坐飞机的时候遇到了一个同行业的大老板，通过交谈，对方很快向她抛来了橄榄枝，于是姐姐顺利去这家公司做了实习生。姐姐毕业后留在这家公司工作，学到了很多东西，成功地提升自己。后来，她的能力被外界看到并认可，得到了世界 500 强外企的高薪聘请。这时，有很多人指责她，认为她离职转向新工作是对前公司的"背叛"，认为她的做法很不道德。但其实她只是通过自身的努力和智慧，抓住了机会，让自己变得更有价值而已。

当然，每个人的成功之路都是不同的，但我们可以从中学习到一些共通的策略和智慧。比如，你正在接触一个传统保守型的心仪对象，你的某些条件不太符合他的要求，这时不妨以更直接、更真诚的方式表达自己，而不是试图改变他的观念，或隐瞒自己的过去。因为真正长久的感情建立在互相尊重和理解的基础上。

再比如，有些人可能会采用直接的方式来实现自己的目标。他们不会藏着掖着，而会敢于表达自己的心意。只要不影响他人，这种行为就没什么不好的。因为每个人都有自己的选择和追求，他们只是没有隐瞒，直接向外展示自己的野心而已。正是因为他们有足够的自信，敢于表达出真我，敢于为自己争取机会，才成功实现了自己的目标。直接表达自己的野心，并为之努力，恰恰是自爱的体现。

你的善良要有锋芒

父母常常教导我们要做善良的人，不能做坏事。但在现实生活中，我们也需要具备一定的智慧和策略，以应对复杂多变的环境。这并不意味着我们要放弃善良和道德，而是要学会在保持本心的同时，灵活应对各种挑战。我们既要注重善良品质的培养，也要理解社会的复杂性和多样性。

面对事情时，每个人都会有自己的理解和判断，善恶的抉择往往就在一念之间。许多女性朋友在成长过程中被过度灌输了要处处忍让的观念，却忽略了自我保护的重要性。记住，我们不仅是善良的使者，更是自己命运的主宰。我们既要保持一颗善良的心，也要拥有足够的智慧和策略来保护自己，实现自己的价值和梦想。

无论我们的目标是大是小，都需要有一定的规划和定位。从起步到发展，从发展到成熟，每一步都需要我们付出努力和智慧。当然，在前进的过程中，我们也需要不断提升自己的综合实力，这样才能更好地应对各种挑战。能够获得成功的女人，她们不仅拥有出色的综合实力，更懂得如何利用身边的资源来实现自己的目标。当我们达成一个小目标时，不要满足于现状，而是要用这个成果来不断提升自己，再设定下一个更高的目标。

每个人的能力和底线都是不同的，我们不必强求自己做到完美。重要的是，我们要根据自己的实际情况，量力而行，不断提升自己，努力成为更好的自己。

宽容与克制，

并不意味着放弃主导权。

第四节　越高势能的女性，
越不把狼狈写在脸上

　　深夜的写字楼里常有两类人：一种在茶水间哽咽；另一种对着走廊镜子整理妆容，动作干净、利落。二者的差距从不在于能力高低，而在于对狼狈的消化方式。

　　我曾见证一位中学教师的故事。她在家长会上被当众质疑教学水平，粉笔灰还粘在袖口。那一刻她没有辩解，反而走下讲台说："感谢大家提醒我板书不够清晰，下周开始我们增设课堂实录直播，欢迎所有家长担任云督导。"后来她带的班级出了区高考状元，而那些直播录像成了青年教师培训教材。

　　对于一个高势能女性来说，狼狈从不是客观存在，而是递给对手的刀柄。张怡宁在采访中说："顶尖运动员比的根本不是技术，而是谁先忘记自己在比赛。"

反观那些在婚姻咨询室哭诉丈夫冷漠的女性，往往败在过早暴露软肋。有位客户在发现丈夫精神出轨后，没有哭闹查手机，而是报名了丈夫感兴趣的潜水课。当他们在马尔代夫共赏蝠鲼时，她状似无意地说："海底这么美，难怪你总说需要个人空间。"三周后，丈夫主动坦白并切断暧昧关系。她后来告诉我："与其做搜查官，不如当个造梦师。"

高势能女性从不追求戏剧化的逆袭，她们擅长把平凡日子过成战略沙盘。当别人忙着掩饰裂痕，她们已经把裂痕铸成了护城河。**世界是慕强的，你越镇定，它越跪着给你递刀**。世界从不同情狼狈的人，但永远为那些把狼狈炼成铠甲的人开道。

所以，如何提升自己的势能？

筹码博弈：用自我价值精准撬动自我需求

完全以自我为中心的人在关系中往往追求短期利益，不想付出，只求回报，他们往往利用对方的短暂热情来满足自己的无理要求。然而，这样的人没办法让人产生信任，自然也无法让人产生长期需要、长期依赖的感觉。一旦新鲜感消退，这种关系便难以维系。

而高势能的人很清楚自己的价值，知道自己哪些方面是别人眼里的"香饽饽"，也很清楚对方的需求，能够把自我价值打到对方的痛点上，实现"你需要，而我刚好有"的效果。了解对方的需求和痛点，可以借助需求的三维投射法则。人的需求分为三个层次：显性需求，即说出口的需求；隐性需求，即行为暴露的内心需求；元需求，即人格底色决定的长期需求。大多数人在与他人相处时，都只能看到对方的显性需求，如果你能洞悉到对方的隐性需求，甚至是元需求，那你做人做事做都能成功。

有些女性总爱买奢侈品，甚至有囤物癖，这就是元需求，她要的不是奢侈品包包，而是想要用物质来填补童年匮乏的恐惧。有些人从小是学霸，在鲜花和掌声中长大，这样的人就会有渴望被崇拜的元需求，你和他相处时多捕捉他的优点进行赞美，就是投其所好。

找我咨询的一个女性，跟我抱怨男友特别在意纪念日的仪式感。别人的恋爱模式里，大多都是女方在意和期待各种纪念日，但在自己的关系里，她觉得反过来了，生日、情人节、七夕、恋爱纪念日、表白日等，男友都会精心准备，自己一旦忘记，男友就会表现出十分强烈的失望和落差，她甚至一度因为男友这个癖好觉得他没什么大志气，想要分手。

通过与她的交谈，我了解到她男友特别在意纪念日仪式感并不是因为虚荣，而是因为他 12 岁时父母离婚那天，妈妈连生日蛋糕都没给他买。这导致他产生了深深的不配得感，于是在日后的日子里，总想要验证这种感受。这就是他的元需求。我建议这个女生每逢重要日子，都用心去回应，比如准备手写卡片，做家常菜，好好陪对方吃顿饭，如果有余力准备礼物就更好了。

后来我收到她的感谢反馈，说男友已经向她求婚了，而且把工资卡主动上交，对自己也很好，并对女生说："你让我找到了家的温暖。"

在亲密关系中，无论是外表的吸引力还是其他任何形式的资本，都只能作为加分项，而非谈判的筹码。真正的加分项是等价交换，用你手中有的，换取你想要的。高势能者的筹码投放，永远比对方的需求早到半步。记住，当你能把自我价值精准狙击到对方的情感需求上时，这场博弈的规则早已由你书写。

性格修炼：绵羊不能一味顺从，猎豹不要太过强势

我们要深入了解自己的性格特质，清楚自己是柔和顺从

的还是强势独立的。在亲密关系中，尤为重要的是根据自己的性格特点，与伴侣建立健康的相处模式。

性格较为软弱、易于顺从的**绵羊型女性**，很容易把妥协当美德，因此建立个人框架和底线是情感稳定的关键。**没有框架的善良，就是递给恶人的刀**。当对方提出过分的要求时，不必过于隐忍，而应勇敢、直接地表达自己的意愿和感受，比如"此事我持保留态度，可能需要再考虑"或"亲爱的，这个提议我并不是特别喜欢"。这样的表达方式既尊重了自己，也给予了对方理解和尊重的空间。

对于性格强势、以自我为中心的**猎豹型女性**，修炼柔软和包容的能力同样重要。某上市公司女总裁把商业谈判技巧用在婚姻中，给丈夫制定 KPI 考核表，结果结婚周年收到的是离婚协议。这类女性在事业上往往游刃有余，反而在维系情感关系的和谐上需要付出努力。要注意的是，在追求个人成就的同时，不要忽视伴侣的基本需求和感受。再高的地位和再多的财富，也无法替代真挚的情感和相互的理解。

性格的修炼是一个持续的过程，需要我们不断地认识自己、理解他人，并学会在情感关系中建立健康的相处模式。

认知升维：告别自我感动，深刻洞察人性

越高势能的人，越能够接纳自己的脆弱。如果你仔细观察下身边那些优秀的女性，你会发现她们不会自诩多么完美，反而会坦然地展现自己的软肋。脆弱并非是她们成功道路上的绊脚石，而是人性中不可或缺的一部分。每个人都是情感的集合体，有柔软的时刻是生命的正常现象。在面对生活的大风大浪，如事业上的挫折、人际关系的难题时，她们不会像坚强外壳包裹下的机械人般压抑情绪。相反，她们有勇气正视内心的惶恐与不安，允许自己在无人之处轻轻落泪，在安全的环境里尽情宣泄。

然而，允许脆弱并不意味着高势能女性会让自己陷入情绪的漩涡无法自拔。在工作场合，遇到突发的棘手问题或者不公平的对待，心头的怒火或许会瞬间燃起，但她们绝不会立刻拍案而起、恶语相向。她们会冷静地在脑海中快速分析局势，思考解决问题的最佳策略。因为她们深知，失控只会让局面变得更加混乱，让他人看轻自己。这种清醒的自我掌控，才是永不贬值的终极筹码。

全局观：用五年后的眼睛审判当下

在亲密关系中，一个至关重要却常被忽视的点是对人生全局的审视与把控。这种全局观不仅关乎对当前关系的理解，更涉及对整个人生的长远考量。许多女性在投入情感时，往往过度聚焦当下的得失与情绪波动，从而忽视了关系的长远价值与个人的整体幸福。

拥有全局观，你便能跳出眼前的情感纠葛，将关系置于整个人生的坐标系中进行考量。这需要你清晰地认识到伴侣在生命中的位置与角色，理解其优缺点，并明确自己在关系中追求的核心目标。只有这样，你才能不被短暂的情绪波动左右，保持冷静的头脑，做出明智的决策。

在恋爱或婚姻关系中，很多女性都期待伴侣能够把自己放在第一位。但实际情况往往事与愿违，伴侣会先完成自己的工作，再来陪伴她们。这时候有些女性就会不乐意，生闷气，甚至冲伴侣发脾气。这样做的结果无疑是将伴侣越推越远。

我们如果能以更宽广的视野来审视这件事的话，就能理解，伴侣这么做不仅可以推动他自己的事业前进，也能为双方提供更好的经济基础。拥有这样的全局观，你就能够更理性地处理分歧，避免争吵。

记得别人的恩情，别人就会记得你的温情。在关系中，不懂得感恩是感情的"杀手"。当你因小事而否认对方的付出，一直不依不饶时，其实就是在消耗对方的热情与爱。不懂得换位思考，只站在自己的立场提出要求，早晚会将感情消耗殆尽。同时，你也要明确自己在关系中的定位与期望，不要一味地索取而不愿付出。

在识人辨人方面，你需要具备足够的眼光和魄力，并拥有及时止损的能力。当你发现伴侣无法满足自己的期望时，要有勇气做出选择——是继续忍受还是果断离开。而这一切的前提是，你对自己的人生有清晰的规划与目标，知道什么是自己真正想要的。

因此，我建议每位女性都应培养人生全局观。**当你站在人生棋局上看感情时，每个选择都会是精准落子。**

一个厉害的人，

能控制自己的内心。

一个能控制内心的人，

才能控制自己的行为。

第五节　最好的投资是投资你自己

作家松浦弥太郎在《大胆投资自己》一书中告诉我们，想要真正变得富有，必须正确地投资自己，从方方面面提升自身的能力与价值，让自己德配其位。

我们终生的追求，就是遇到更好的自己，按照自己喜欢的方式去生活。而**人生最后能收获什么，取决于之前投资了什么**。

松浦弥太郎 20 多岁时，事业上虽没有什么起色，但他始终坚持读书和看电影。大量的知识输入为他积累了强大的素材库，让他建立起了自己的知识体系。在接触杂志之后，他又研究了大量的杂志，看别人是怎么做选题、写作、排版的。

他说："虽然当时的我还并没有投资的意识，但是我却能真切地感受到那段时光成了我人生的一块基石。"以前的大量输入，让他的"知识抽屉"满满当当。这使得日后的他不管写什么，都有源源不断的灵感。

只有不断地投资自己，才可以把成功和幸福牢牢掌握在自己手中。每个女性都应当为自己的人生绘制一幅宏伟的蓝图，就像精心管理一家银行一样，不断地向其中注入宝贵的资产。

"头脑银行"

投资"头脑银行"，是指一个人要始终保持一种渴望学习的状态，不断充实自己的知识和技能。无论是学习英文、高尔夫，还是提升专业领域的技能，都是对"头脑银行"的有效投资。

终生学习的女人，魅力无穷。才女李清照就是这样的人。她和丈夫赵明诚都爱读书和藏书。据《金石录后序》记载，李清照不仅爱读书，而且记性颇好。两人每次吃过饭一起烹茶的时候，他们就用比赛的方式决定谁先喝茶，比如提问某典故出自哪本书哪一卷，第几页第几行。他们答对的时候还会因为过于开心，而把茶洒在了衣服上。

或许有人会说，他们有钱才能如此轻松有情调。其实他们家并非富有之家，李清照夫妇酷爱金石和藏书，囊中羞涩时甚至把衣服当掉去买书。但在他们看来，即使是那样穷困的日子，也因为共同成长而感到甜蜜。有趣的灵魂能把平淡清贫的日子过得温馨浪漫，丝毫不会觉得生活索然无味。

"健康银行"

很多人可能会因为自己的外貌、身材而感到焦虑，从积极的角度来说，当你为这些焦虑的时候，起码说明你还拥有健康的身体。身体是革命的本钱，我们应该定期投资"健康银行"。

运动能提高人的心血管功能，减缓骨质疏松，矫正不良体态。如果你担心错误运动会损伤身体，也可以寻找一位专业的私人教练帮助自己正确地进行训练，以避免受伤，确保自己的健康投资之路更加顺畅。

那么，什么样的健身方式最为理想呢？可以结合有氧运动和力量训练。有氧运动可以加速燃烧脂肪，而力量训练则能够塑造出健美的身材。此外，肌肉具有"记忆"，只要坚持训练，即使偶尔中断，也能很快恢复训练状态。因此，健身对于女性来说是一项非常有价值且持久有效的投资。

因此，在"健康银行"的投资上，你要用更加积极、健康的态度去面对自己的外貌，用内在的智慧与力量去塑造一个更加完美的自己。

"形象银行"

一个女人的气质是知识熏陶出来的，智慧是学识打造出来的，美丽更是投资时间和金钱保养出来的。

投资形象，并不是单单指外表的装扮和精致的面容，更是指气质、修养、仪态、谈吐的提升，是整个人由内而外散发出来的个人魅力的提升。全方位地提升自己的精神面貌，保持积极乐观的心态，热爱生活的态度，能够不断地丰盈自己的内心世界，靠自己给自己幸福感。

演员奥黛丽·赫本拥有着令人惊艳的外表，但她的魅力绝不仅仅局限于此。她积极投身慈善事业，运用自己的影响力唤起社会对贫困儿童生存状况的关注。她经历过战争的磨难，也享受过事业的辉煌。这些经历共同造就了她深刻的思想和强大的内心。

一个有思想、有远见的女人，一定不是只在外表上装扮自己，而是拥有丰富多彩的精神世界。丰富的经历与深刻的思想为女人带来的是整体形象上的提升，而且这个形象会随着年龄的增长而更加动人，那是一种由内向外散发的自信、睿智，由此产生的吸引力更是源源不断的。

"资本银行"

投资"资本银行"并非仅指存款，还指管理自己的财务资源，以及合理规划和利用资金。对于现代女性来说，懂得理财和规划自己的未来是非常重要的。

开源固然有必要，但有时候节流更为重要。节流最关键的是控制自己的购物欲望，尤其是对昂贵奢侈品的冲动消费。虽然有时奢侈品能带来短暂的快乐，但长期来看，它们并不能真正提升你的生活质量。相反，将资金用于更有价值的投资，比如购房或教育，才有可能带来更可观的回报。

同时，合理规划资金用途是实现个人财富增长的另一个重要方面。这意味着你要对自己的人生有一个清晰的定位，明确知道自己的目标和追求，然后把每一分钱都花在刀刃上。通过健康消费，找到适合自己的生活方式和社交圈子。不仅能够增进友谊，还能创造更多的合作机会。

这里有一点我认为有必要专门陈述。有一项消费是万万不能省的，即在个人健康和福祉上的消费。很多人为了省钱，住不通风的地下室，吃不新鲜的打折蔬菜，这并不是聪明的投资行为。健康的身体是实现个人目标的基础。没有健康，一切归零。因此，在经济条件允许的情况下，尽可能保障营养均衡的饮食、舒适的居住条件。如果你已过 30 岁，每年至少做一次全身体检，这是对自己负责。

总之，保持得体、有生命力的状态，并不是满足虚荣心，而是让自己保持一个积极、健康、自信的心态。当你拥有这样的心态时，就能更好地面对生活中的各种挑战和机遇，不断提升自己的生活质量。

踏踏实实地做人、做事，

不要急功近利。

能做好多少，

就尽最大努力做好多少。

去学、去干，

一切都会好起来。

第三章

深谙相处之道

* * *

用感情维系人心，用利益维系关系。

第一节　关系再亲密，

也不要轻易展示你的脆弱

原生家庭不好，要不要和男朋友说？

许多人都曾用自己的血泪史讲述：一定不要主动袒露自己的创伤。因为如果你主动袒露了创伤，或许当时能获得理解和怜爱，但在未来的相处中，对方很容易以此作为攻击你的武器，揭你的伤疤，那时你会非常痛苦、孤立无援。**一个人甚至不能共情过去的自己，更何况他人？** 对方并不能和你完全感同身受，你无法引起他的共鸣，他更无法疗愈你。

确实，**暴露脆弱是一场冒险**。尽量不要轻易向伴侣透露过去痛苦的经历。这并不是要你隐藏真实的自己，当你自身有能力减少原生家庭带来的影响，并尽可能解决原生家庭带来的困扰的时候，的确没有必要将一切告诉对方。不将自己的痛苦转移，有时也是一种慈悲、智慧。

你可能经历过感情的挫折，或者是在成长过程中遭遇过家庭的忽视。这些经历无疑给你的心灵带来了或大或小的伤害。但是如果你试图通过分享这些不开心的过去，来寻求伴侣的理解和关爱，可能会适得其反。

人人渴望通过倾诉来得到他人的同情和珍惜，但高质量的亲密关系是建立在相互尊重和理解的基础上的。频繁提及过去的痛苦经历，有可能让伴侣产生心理负担，甚至还会对你的真实性格和价值观产生误解。

暴露痛苦，有时是在传达"我是弱者"

心理学中有这么一个结论：积极的话语能够对人产生正向的影响，而消极的话语则会给人不好的心理暗示。因此，当你需要对方的关心时，不妨尝试以一种更积极、更委婉的方式来表达自己的感受和需要，而不去提起那些令人痛苦的过往。

比如，你可以尝试告诉伴侣："我觉得有时候我需要更多的陪伴和温暖，这对我来说非常重要。"这样的表达方式既直接又易于理解，同时也避免了负面回忆对亲密关系造成不良影响。

"天之道，损有余而补不足，人之道则不然，损不足以奉有余。"天道是追求平衡的，多的就减少一点，少的就补充一点；而人道是自私的，富余的仍然会夺取不足的，而不足的却还要去奉迎富余的。人性决定了人与人之间存在着不平衡性。越痛苦的事情造成的伤害越大，所以与任何人沟通，都要尽量讨论正面的事情，少谈及消极、负面的事情。

要始终坚信并反复强调，在过往的关系中，你就是被疼爱、被滋养的。如果暴露太多过往的痛苦，就相当于向外人传递"我是弱者"的信息。**弱者很难获得真正的同情，因为一个人的示弱无异于将对方置于强者的地位，而强者始终站在高位，是很难真正感同身受的。**因此你没有必要非得暴露自己的难处与悲惨，去获得对方一时的怜悯。

一个女来访者被分手，正是因为太爱诉苦了。她在感情中很投入，不仅经常送对方礼物，还去很远的地方帮对方求平安符。但是她太喜欢诉苦了，反复提及原生家庭给她带来的伤害。一开始，对方确实觉得她很可怜，但是时间久了，对方也无力承接她的负面情绪。这种负面情绪甚至开始"传染"，让对方也开始变得消极，在处理问题时感情用事。久而久之，这种压抑感让对方逐渐疏离她，最终狠心切断了这段关系，离开了她的生活。

适度暴露有助于关系和谐

过度暴露有可能会让我们受伤，但这并非意味着我们要封闭自己的内心。刘擎老师曾说过，所有深刻的关系，都需要一种坦诚和袒露，这可能会造成不愉快的结局，但是没有这样的冒险，你也不可能获得真正的亲密关系。

那么该如何适度暴露呢？答案是**各自独立，互相支持，给予对方自由与空间**。

有些人在恋爱初期会因为一时的爱意"上头"而与对方过于亲密，表现出较强的依赖性，他们希望这段关系能给自己带来足够的安全感。这种需求驱使他们跟随伴侣的步伐，但当这种依赖过于强烈时，就会给伴侣带来干扰和压力。要记住，最理想的关系应该是双方各自拥有自己的生活和追求，彼此和平交流，携手共进，以相同的热情与决心支持对方不断进步。

想要实现这种状态并不难：当两人相聚时，不要各自沉浸在手机中，而应专注于彼此，尽可能地进行深度交流与陪伴，分享喜悦，倾听心声。当暂时分别时，应以百分之百的热情和专注，投入自己的工作和生活中，不断提升自己，创造一个更好的自己。

我朋友结婚十年了，但是她和丈夫之间仍然有新鲜感。她说虽然与丈夫在一起那么多年，但是从来不会随意说话、做事，也从来没觉得丈夫理应让着自己，更没有互查手机的习惯，这都是他们互相尊重的体现。

在生活中，他们还会通过很多小细节来维系感情。比如，每天早上起床后他们都会给对方一个拥抱和吻。她说："这些小事情可能看起来很平常，但是我们可以感受到对方的存在和关心。"他们并不是不依赖彼此，而是更在乎独立和自由。关系的建立并不意味着我们要放弃自己的人格，为他人而活。

如果你有幸遇到一位同理心较强的伴侣，他也许会看到你的依赖感背后的脆弱，从而更加呵护你。然而，对于那些更注重个人空间的人来说，过度的依赖只会让对方感到负担。

因此，你要学会在适当的时候给予对方足够的空间，让对方能够专注于自己的工作和生活。同时，努力培养自己的独立性，在关系中适度暴露自己的脆弱，让对方心生怜爱，又不会厌烦、逃离。

有时候,

能说会道不厉害,懂得闭嘴才厉害。

多倾听,少说话,言多必失。

第二节　混不好的人，一般都是儿童心智

人因思想而变得有价值，也因思想而变得无价值。这是什么意思呢？一个人的思想在很大程度上决定了他的价值。思想不仅是个人认知、情感和意志的综合体现，也是个人与世界互动的重要方式。一个人有什么样的思想，就处于什么层次的关系，并过着相应层次的生活。

巴菲特的慈善午餐被称为"世界上最贵的午餐"，最后的一次慈善午餐拍卖以1900万美元成交。对于竞拍者而言，能与巴菲特共进午餐，无疑是一种极大的荣誉和曝光机会。另外，他的投资理念和经验也具有极高的参考价值。竞拍者不仅可以与巴菲特交流，还能与其他商界精英建立联系，拓展人脉资源。无论出于哪种目的，一顿午餐能成为全球有钱人争相抢夺的稀缺资源，足以说明巴菲特因投资理念和思想而被公认的巨大价值。

人是社会动物，一个人的价值是在社会交互中被认定的。我认为价值的核心在于利他。**初级的利他是自立**。你可以凭借自己的本事生活，不成为他人的包袱，不给他人带来负担。**中级的利他是对家人的爱**。你不仅把自己照顾得很好，还能为家人创造良好的生活条件，家人需要你时能够让他们依靠，给他们带来安全感。**高级的利他是对陌生人的爱**。那些解决工作岗位、做出好产品、方便人们生活的企业家，投身公益、致力于改善社会问题的慈善家，通过教育、艺术或科技启发并激励无数人的知识领袖，他们的存在对许多人来说都是有价值的。

那么，我们如何让自己变得有思想、有价值呢？

首先，做有价值的事

有价值的事，是指那些能够为他人、为社会带来积极影响的事。这些事可以是工作上的创新，生活中的助人为乐，也可以是对他人精神上的鼓舞和支持。

写到这里，我想到了《士兵突击》里许三多的那句经典名言：有意义的事就是好好活，好好活就是做有意义的事。对比草原五班的其他战友，那些人不是躺着，就是打牌混日子，许三多找到了有意义的事，他决心修一条路。他没考虑这件事的难度，没考虑这件事会给自己带来什么回报，他只是把每天的时间用在修路上，这就是找到了当下的价值。

如果你不知道什么是有价值的事，那就从做好眼前的事开始。

在工作中，做能提升自己专业技能的事。在工作的时间"浑水摸鱼"是损人不利己的行为，如果你厌烦当下的工作，觉得工作本身没意义，那就去改变这种没意义的现状——跳槽，换一份有意义的工作。如果没有做好跳槽的准备，眼下就不要"摸鱼混日"。因为，你以为是自己占了老板的便宜，长远来看其实是浪费了自己的时间。

在生活中，健康饮食、好好睡觉，是对身体有价值的事；好好生活，不把情绪带回家，是对家人有价值的事；举手之劳，便利他人，微笑指路，是对陌生人有价值的事。**当你的存在对别人来说是一件值得开心的事，那你的人生绝不会太差。**

其次，改变自己而不是别人

要想在竞争激烈的环境中脱颖而出，仅靠外部条件或机遇是不够的，还要通过不断学习、实践和反思来提升自己的能力和素质。学会改变自己而不是别人，这点说起来容易，做起来难。真正的高手，会把精力花在自己身上。他们有强大的内在驱动力去改变自己，以寻求超越自我。

这样的聪明人往往不喜欢改变别人，他们时时刻刻都在为自己努力，让自己更出色。他们也会帮助他人，帮的人多了，就有更多人帮他。我们不得不承认，想要做成一件事，需要很多人的帮助。那别人为什么要帮你呢？前提就是你能给别人带去价值。不想给予别人价值，只想索取回报的人，很难做成事，因为没有人愿意与这类人为伍。

说一个很"扎心"的观点：**成年人的一切苦，都是自己造成的**。如果一个成年人选择去跟烂人烂事纠缠，好为人师，在得罪人的事情上消耗时间，那人生充满痛苦是必然的。因此，我们要把注意力从别人身上收回来，多多关注自我的成长与提升，才能成为更有价值的人。

最后，允许自己迭代，不断提升强者思维

真正的强大，是允许自己像软件系统般持续迭代。对于女性而言，成长变强的旅程也需要不断更新自己的思维程

序。以下三个关键思维，能够助力你在生活的浪潮中乘风破浪，成为更好的自己。

把情绪变成燃料，以柔软化解压力

在生活中，女性往往更容易被情绪困扰，然而这其实并非弱点，而是成长的契机。当负面情绪如潮水般涌来，别跟情绪较劲，尝试换个角度看待它们。愤怒意味着你对不公有着敏锐的感知，悲伤则是你内心珍视某些事物的体现。你不妨以更积极的方式应对，将这些情绪转化为前进的动力。

同时，面对生活的重重压力，不要试图以硬碰硬。就像流水，柔和却拥有强大的力量。用温柔的沟通、细腻的心灵去化解困境，也许会收获意想不到的结果。

每月破除一个思维枷锁

每个人的思维都或多或少被一些固有观念束缚，谁都不例外。这些枷锁可能来自社会的刻板印象，可能是自己过去失败经验形成的自我设限。比如，认为女性就应该相夫教子，不适合追求事业上的成就；或者因为曾经一次面试失败，就再也不敢尝试更有挑战性的工作。你可以每月给自己设定一个破除思维枷锁的小目标，打破自身存在的无形限制。比如，你可以通过阅读书籍、与他人交流、参加培训等方式，不断拓宽自己的视野，让思维更加开放和包容。

将缺陷转化为优势

世界上没有完美的人，每个人都有自己的不足之处。而聪明的女性懂得接纳自己的缺陷，并从中找到闪光点。比如，如果你性格内向，不擅长社交，却具有更强的专注力和思考能力，你就可以将这些优势发挥到极致。接受自己的不完美，在缺陷中寻找机会，将其转化为推动你前进的独特力量。当你不再试图隐藏缺陷，而是勇敢地拥抱它时，你就会发现那些曾经以为的缺点，其实是上天赋予你的特殊礼物。

允许自己持续迭代思想，运用好把情绪变成燃料、每月破除一个思维枷锁、将缺陷转化为优势这三个关键思维，你终将淬炼出破界生长的柔光刃。学着把女性特有的共情力、忍耐力、细节把控力，转化成专属优势。记住：会哭会累但不停步的人，比永远坚强的假人更有力量。

无法控制自己行为的人，

也无法掌控自己的人生。

第三节　拥有杠杆思维，学会有效借力

人生如同浩瀚的海洋，仅凭一己之力往往难以顺利抵达成功的彼岸，聪明的人善于运用身边所有的资源来完成自己的目标。也就是说，成功需要学会借力，让自己手中的"筹码"翻倍，让目标不再遥不可及。

杠杆原理的核心在于找到那个能够产生巨大效用的支点。这个支点，既可以是自身的独特优势，也可以是优质的外部资源。无论是向自己借力，还是向外部借力，重要的是巧妙借力，以小博大。

向自己借力：你的一切都可以成为你的跳板

俗话说"万事开头难"，有勇气面对问题，是解决问题的第一步，也是最重要的一步。

其实很多人在机会来临的那一刻会退缩，但无数的事实

告诉我们，不去尝试就永远不会有机会。在行动的过程中难免会遇到各种不确定的因素而导致寸步难行，这时的心态便成了决定成败的关键因素。

积极的人能将不利因素全部转化为成功的机会，在遇到困境时，他们往往会在心底问自己：我如何才能更快走出困境？在困境中，我可以学到什么？总之，他们擅长化悲愤为力量，把一切挑战都视为成长的资源，克服一切挑战去解决问题。

消极的人则相反，他们说得最多的便是：我完了，为什么我的命运如此悲惨？他们会像鸵鸟一样把头埋在沙子里，沉沦在自己的悲伤中，无法自拔。

普通人往往只能靠天性和感觉野蛮生长，而那些能够踏上主动觉醒和科学成长道路的人，往往掌握了科学的方法。**大脑和肌肉一样，遵循"用进废退"的原则**。如果一个人习惯了感情用事、不假思索，那感性思维就会占上风；而若是习惯经常思考、时常反思，那理性思维便会占上风。坏习惯之所以难以改变，是因为它是"自我巩固"的——越用越强，越强越用。**要想从既有的习惯中跳出来，最好的方法不是依靠自制力，而是依靠知识**。因为单纯地依靠自制力是非常痛苦的事，但知识可以让我们轻松产生新的认知和选择。

向外部借力：四两拨千斤的智慧

有一对父子在沙滩上玩，孩子想移开沙滩上的一块大石头，可是他使尽了全身力气也没有搬动。爸爸将这一切看在眼里，走过来告诉他："你要用上所有的力量哦。"孩子说："我已经用尽所有的力气了。"爸爸蹲下来，跟孩子说："儿子，你并没有使尽全力。因为你还没有请求我的帮助。"说完，爸爸弯下腰抱起石头，将石头扔到了远处。

有很多事情，我们靠自己可能解决不了，而他人却可以轻松地处理。既然这样，我们为何不寻求他人的帮助呢？有些人不愿意向别人借力，认为求助是无能的表现。但是反过来想想，到底是向别人求助无能，还是因自己力量不足而失败无能？从结果导向来看，明显是后者，因为没有人关注你是如何成功的，人们更在意的是成功这一结果。

善于借力，就相当于我们多了一个成功的"筹码"。那么，我们应该如何有效向外借力呢？

首先，找到合适的人。向外借力的前提是找到能够帮助我们的人，可能是朋友、同事、老师等。我们要根据自己的目标和需求，寻找那些有能力、有资源、有影响力、有共同利益的人。

其次，建立信任和关系。我们要通过真诚、尊重、合作的方式，与他人建立信任和良好的关系。我们可以极力展示自己的优势以及能为对方带来的价值，让对方感觉到我们是值得信赖和合作的伙伴，双方是共赢的关系。稻盛和夫曾说："如果自己不能成为一个值得别人信赖的人，与别人之间的信赖关系就无法建立。如果别人觉得你的内心不可靠，即使原来的朋友也会离你而去……即使自己蒙受损失，也要相信别人。只有这样，才能产生互相信赖的人际关系。"

再次，提出合理的请求。在提出请求之前，我们要对所需帮助的范围和程度有清晰的认知，避免提出模糊或过高的要求。另外，要选择一个于对方合适的时间，避免在对方忙碌或情绪不佳时提出请求。

最后，给予适当的回报。借力的原则是给予适当的回报。我们要真诚感谢他人对我们的帮助，并且在适当的时机，以适当的方式给予他们相应的回报。回报不一定是金钱和物品，只要让对方感受到我们的诚意即可。要让对方感觉到我们是值得深交的人，而不是忘恩负义或只追求眼前利益的人。

其实每个人的价值观与需求各不相同，不管在工作还是人际交往时，我们都应该准确识别并匹配对方的期望，利用自身的综合资源达成相应的目标。比如在工作时，面对不同领导布置的任务，我们应敏锐地察觉他们可能看重的部分。有的领导可能重视的是任务的完成度，有的则看重细节，我们需要准确辨别，尽量达到他们的要求。

当我们与人交往时，更要以开放的心态去理解他们的需求。因为成年人之间的交往其实就是"价值互换"——你所欠缺的，正是我所拥有的，大家恰好形成互补关系。如果我们希望迈上一个台阶，就要努力提升自己的价值，去契合更优秀的人的"需求"。

因此，我们首先要清晰地认识自己，明确自己的优势与魅力所在。同时，也要保持敏锐的洞察力，去感知对方的需求与期望。通过这样的相互了解与匹配，我们才能找到与自己更为互补的朋友，并且在关系中更好地发挥优势。

在关系中，

较量的不是感情，而是人性。

谁更能满足对方的人性，

谁就更具有主动权。

成功者的嘴里，

从来没有抱怨。

他们永远想的是怎么解决问题，

怎么让状况变得更好。

第四节　有长择眼光，才能避免自我损耗

　　在人生的诸多选择中，"短择"和"长择"是两种不同的决策策略，它们不仅适用于经济、商业领域，也常被用于描述两性关系中的择偶策略。今天，我在这里分享的是关于自我发展的选择策略。

　　长择是根据对未来较长一段时间的规划和目标而做出的决策。它需要我们考虑更广泛的因素，包括长期利益、潜在风险等。例如，考虑到未来的发展前景、与自己兴趣的匹配度和职业在未来社会经济环境中的稳定性等综合因素，再去选择一个职业方向，就是典型的长择。长择通常具有稳定性和前瞻性等特点。一旦做出长择，人们往往会投入较多的时间、精力和资源去实现相应的目标。

　　短择则是在相对较短的时间范围内做出的决策，通常会被当下的利益、需求或者情绪牵动。例如，你在逛街时看到

一款很喜欢的冰激凌，你马上决定购买，这就是一个短择。因为这个选择主要是为了满足当下你对于美食的欲望，没有考虑对长期健康或者减肥计划的影响。

短择具有即时性和灵活性的特点，它能够让人们快速适应眼前的情况，抓住当下的机会，解决眼前的问题。人们除了在感情中容易短择，还有一个经典的短择场景就是过度消费。最近常说的"警惕消费主义"这个概念，就是在揭示有很多人为了流行或者一时的冲动而购买一些非必要的商品，这可能会导致财务状况的恶化。

其实道理我们都明白，但是很多时候仍会一不小心就陷入短择的陷阱。我有一个朋友从国外学成归来，要去互联网大厂实习积累经验，以接手父亲的厂子。我当时给他的建议是不如去做技术性的工作，这样能更好地了解未来工作的运作模式，但他一心要进互联网公司历练。如今他离开互联网行业，回到父亲的厂子，发现无从下手，一些实践类的东西依然要现学。其实这就是因为他当时被流行就业趋势迷惑而选择了短择，误以为大众准则就是自己所需要的。但事实往往不是这样。

那么应该如何避免短择呢？

首先，**快速试错**是一个很好的方法。互联网公司很有名的工作方法就是"反复迭代"，在产品的制作初期，工作人员只是对自己要做的产品有一个大概的认知，经过多次产出、反复实践和调整，产品才初见雏形。以工作为例，如果你抱着"在这项工作中我得到了什么"的心态去思考，那么在以后的实践中，前期的反思便能应用其中，从而规避之前犯过的错误，取得更大的进步。

同时，在面对选择时，不要局限于眼前看到的一两个选项，而要尽可能地挖掘更多的可能性。要拥有全局观，做决定前把可能的选项都清晰地列出来，这样可以对选择的范围有一个全面的了解，避免遗漏潜在的更好选择。

其次，**重过程，轻结果**。事物一直处于变化之中，成功不是一蹴而就的，而是不断螺旋上升的。真正的坚韧是从挫败中历练出来的。要学会以发展的眼光看问题，不要只关注结果而忽略过程，否则太过急于求成，什么都做不好。

其实每个选择都伴随着一定的风险，我们要评估自己是否能够承受这个风险。一旦做出选择，就要对这个选择的结果负责。无论结果是好是坏，我们都要以积极的心态去面对。如果结果是好的，那就总结经验，为下一次决策提供参考；如果结果不好，也不要抱怨或者逃避，而是分析失误的原因，从中吸取教训，这样才能在未来做出更好的选择。

最后，**重视自我转化**，要意识到自己存在的问题，并积极改正。我的一个前同事偶然获得了晋升的机会，然而他的能力并不能匹配这一职位。工作过程中，他向上无法满足领导的要求，向下又无法服众。大家向他提意见，希望他能做出改进时，他也丝毫不认为是自己的问题。最终他的职位还是被别人取代了。

　　工作如此，投资如此，恋爱如此，人生更是如此。**短择会有赢的概率，但多数会输掉后来的每一场"竞争"。**而从短择到长择的转化，并非仅靠努力学习和加班工作就能完成。这需要我们不断提高自己的认知，我们读过的每一本书，走过的每条岔路，都在为未来铺路。

　　永远保持清醒和理智，才能实现自己的目标。

任何人都要为自己的错误负责，

任何人犯错后，

都会受到严厉的惩罚，无一例外。

我们要做的，就是不犯错，

或者少犯错。

错误不断累积，

最终可能让人痛不欲生。

第五节　要做灵动的动物，而非静默的植物

一个不争的事实是女性常常被期望扮演"静默的植物"——温柔、顺从、默默承受。然而，这种被动的姿态在复杂的现实环境中往往难以立足。真正的博弈高手，是那些像"灵动的动物"一样，能够主动出击、灵活应变、敢于表达自我的人。因此，如果你想要在人生博弈中脱颖而出，就必须摆脱被动，成为灵动的动物，敢于表达愤怒、敢于说"不"，打破预期，不在意评价，活出自己的性格。

体面地表达愤怒

愤怒是一种自然的情绪，是表达不满和维护自身权益的重要工具。会体面地表达愤怒，是一种智慧。它不是情绪化的宣泄，而是有策略地传递你的立场和底线。例如，在职场中，当你的努力被忽视，或者你的意见被轻视时，你可以用

冷静而坚定的语气表达不满："我注意到我的建议没有被充分考虑，这让我感到有些失望。我希望我们能更公平地对待每个人的意见。"这样的表达既体面又有力，能够让对方意识到你的底线，而不会让你陷入被动。

体面表达愤怒的关键在于控制情绪的强度和表达的方式。愤怒要适度，避免失控导致局势恶化。同时，要明确表达自己的需求，让对方知道你的期望是什么。这样你就能运用愤怒情绪博弈到应有的权益。

敢于说"不"：明确自己的边界

"不"是一个简单的词，很多人却常常难以说出口。

敢于说"不"，是一种自我保护，更是对自己时间和精力的尊重。当你的底线被挑战时，你要敢于明确自己的边界，让对方知道你的底线，不至于得寸进尺。

例如，在家庭中，当你的伴侣或家人要求你承担过多的家务时，你可以坚定地说："我很乐意帮忙，但我也需要时间来照顾自己和完成自己的工作。我们可以一起分担家务，这样对大家都更公平。"这样的拒绝不仅不会伤害感情，反而会让对方更加尊重你。

说"不"的策略在于提前设定边界，明确自己的底线。同时，要坚定但礼貌地表达拒绝，避免让对方感到被冒犯。此外，**提供替代方案也是一种智慧**。拒绝的同时，可以提出其他可行的建议，让对方感受到你的诚意和合作意愿。通过这种方式，说"不"不仅不会让你陷入孤立，反而会让你在博弈中赢得更多的尊重和机会。

打破预期：你以为的我，可不是真正的我

人们往往不在乎真正的你是什么样的，而更关心他们眼中的你是什么样的。对方如果给你贴上温柔、顺从、不争的标签，那在与你相处时就会预设你只会出现不拒绝、不否认、不反抗的反应。作为**灵动的动物**，就要出其不意攻其不备，打破对方的预设，**用行动亲自去撕下贴在自己额头的标签**。

打破预期的有效策略是运用**逆向思维**。在他人意想不到的地方发力，打破常规。例如，在职场中，当所有人都在追求晋升机会时，你可以选择深耕自己的专业领域，通过提升核心竞争力来赢得尊重。或者，当所有人都在抱怨问题时，你可以主动提出解决方案，展示你的能力和担当。

主动出击也是打破预期的重要方式。**不等待机会，而是主动创造机会**。在《玫瑰的故事》中，黄亦玫为了给庄国栋留下印象，展现出了极强的主动性和智慧。她深知，等待机会不如主动创造机会，于是她开始精心布局。黄亦玫在职场中表现出色，被公司选中负责中法交流展的策划工作。她敏锐地察觉到，庄国栋作为行业内的佼佼者，对这个项目也极为关注。于是，她决定利用这个机会，展示自己的能力和决心。在一次项目讨论会上，黄亦玫特意穿了一身亮眼的礼服，吸引了所有人的目光。她不仅在会议上表现出色，还巧妙地向庄国栋发问，试图引起他的注意。庄国栋果然被她的才华和勇气打动，主动要了她的联系方式。

　　灵活调整也是打破预期的关键方式。根据局势变化及时调整策略，让对手难以捉摸。在博弈中，局势往往是动态变化的，只有那些能够灵活应变的人，才能在复杂环境中立于不败之地。

不在意评价：活出自己的性格

　　我们难免会遇到他人的质疑和否定。但请记住，这些评价只是外界的声音，它们无法定义你的价值。过分在意评价会让人失去自我，不敢表达真实想法和需求，活得内耗。清楚自己的价值和目标，将精力放在实现自己的目标上，而不是迎合他人，你才能在复杂的世界中找到属于自己的方向。

活出自己的性格，不仅是一种勇气，更是一种智慧。静默的植物或许能够短暂地躲避风雨，但灵动的动物却能够真正掌握自己的命运。

你可以不着急成为大人，
但一定要告别儿童心智。

聪明的人，懂得铭记别人的恩情。

愚蠢的人，总在记恨别人的算计。

第四章

善用向上社交规律

* * *

一个人成熟的标志之一，就是发现身边的环境是不断变换的——总有人被你甩在身后，也总有人跑在你前面。

如果你一直抱怨环境，却从不做出改变，那说明你一直停滞不前。

第一节　不要低估人性的恶，远离烂人烂事

我之所以一直强调向上社交的重要性，是因为从底层奋斗的经历让我深刻体会到人性的多面性——既有温暖人心的善举，也有令人警醒的恶意。我想强调的是，个人遭遇的不幸往往源于其缺乏对人的深刻洞察与辨识能力，这种能力的缺失可能导致财务乃至精神上的重大损失。

在人生的起步阶段，尤其在资源有限、信息不对称的环境下，我们更应该清醒地认识到，社会资源是有限的，我们想要获得成功，就需要用正规的手段争取到更多的资源。

可能会有人说，太有"野心"，不是好人所为。但我们在追求财富和成功的时候，始终保持善良和正直，只将"争取资源"视为获得成功的手段，这是合理的。这并非鼓励我们成为冷酷无情的人，而是倡导我们正视现实，争取在这个社会找到自己的一席之地。

我们不论身处的境遇如何，一定要致力于自我提升。一时的落后代表不了什么，停滞不前才是导致我们被边缘化，甚至被淘汰的主要原因。不付出努力还想拥有美好的生活，可以说是天方夜谭。

我们要学会用强者思维来武装自己的大脑。强者都懂人性，会识人。他们会远离负面的人和事，避免自己被随意消耗，从而保护自己的能量。我们要学习的，就是掌握识人技巧，尽可能和正能量的人交往、学习。

识人辨人的重要性

"近朱者赤，近墨者黑"，这一古训就是在提醒我们，要有选择性地与他人交往，以避免为负能量的人所染。

学会辨识他人，是每个人成长道路上不可或缺的一课。在这个纷繁复杂的社会中，有真心待我们的家人朋友，也有盼着我们"跌跟头"的竞争者。我们**与其抱怨人心险恶，不如学会识人技巧，保护自己不受伤害**。

父母、师长往往以最纯真的爱教导我们成为正直、诚实的"好孩子"。然而，社会远比我们想象的要复杂得多。仅仅拥有善良是不够的，我们还需要培养敏锐的洞察力，去理解和应对人的多面性，学会理性认识并防范潜在的恶意与风险。这并不意味着我们要变得冷漠或充满敌意，而是要以一种更加成熟和全面的视角去看待周围的人和事。

因错误识人而做错事怎么办

任何人都要为自己的错误负责，没有人会例外。要想不犯错，或者少犯错，就不能选错圈子，不能交错朋友，因为错误的选择往往导致错误的结果。

但是，人非圣贤，孰能无过。错了就要勇敢承担后果，接受一切事实，不要钻牛角尖。思想反刍和反复内耗只会让你陷入另一个陷阱，不如立刻反思复盘，寻找犯错的原因及改进的方法，并提醒自己以后不能再犯。

很多人之所以没有什么成长，就是因为不愿为自己的错误负责。他们犯错之后不是反思，而是一直后悔，一直抱怨，从来不去思考自己能从这个错误中得到什么教训，这样只会在未来面对类似的问题时重复犯错。

我们要敢于承认错误是自己造成的。或许是自己的判断力出现了问题，或许是因为盲目信任别人，或许是没有思虑周全，但归根到底都是自己选择的问题。当我们能深刻认识到这一点，人生就要开始走上坡路了。有时候，人之所以"倒霉"，其实是不能认清形势，没有搞清楚自己的筹码，对自己的价值估计错误，或者脑袋里没有高维的认知和思想。

经常听到过来人说"选择大于努力"，一开始我并不理解，因为我觉得自己能改变很多事情。但随着年龄的增长，跟很多人接触后，我才意识到这句话一点儿都没错。

选择学校，奠定了我们知识的基础；选择工作，决定了我们事业的走向；选择伴侣，决定了我们情感生活的质量。这些选择看似简单，却对我们的生活产生深远的影响。

确实，很多时候，我们的现状是过去一系列选择的结果，而这些选择无论大小，都在无形中塑造了我们的生活和境遇。同样，我们的未来也并非偶然或不可预测，它在很大程度上取决于我们当下所做出的选择。

警惕"黑洞型人格"的人

"黑洞型人格"的人往往躲在幽暗的角落里，致力于用贬低、诋毁、轻视等一切可以让我们感到卑微的方式，吸食我们的生命力，以增加他们自身的力量感、价值感和自尊。当我们为之付出时，他们会认为这一切都是理所当然的。

无论关系如何，一旦辨识出这类人，一定要赶紧远离。因为这些具有"黑洞型人格"的人永远生活在自己的世界里，他们通过抱怨和数落等方式吞噬着周围所有的正能量，让周围的人都陷入痛苦之中。

在成年人的世界中，"有利可图"才是维持持久关系的原则。我们要时刻警惕这种人，不要一味单方面地付出。有时候过度付出只能感动自己，对方很难珍惜你的好。

总之，不懂人性，就容易被欺骗。懂了人性，我们才能保护自己。人这一生的选择太重要了，保护好自己的资产，保护好自己的心灵及灵魂，才是最明智的选择。

一个真正有价值的人，

从来不担心无能之辈在想什么。

缺乏智慧的人，

才最容易被烂人烂事

消耗精力、时间、金钱。

第二节　有边界感是成年人最大的修养

乔治·戴德在《自我边界》一书中提出，所谓自我边界，就是让你的事归你，我的事归我。相对于有形的物理空间，自我边界并没有特定的轮廓，可以将其理解为我们的底线和原则。这种空间可以让我们在心理上处于一种舒适的状态。

"知进退，懂深浅"是人际交往的重要原则，它要求我们既要懂得维护自己的边界，又要懂得尊重他人的边界。**自己有边界，别人才不会越界**。当别人冒犯到你时，若你只是一味地忍让，对方便不能意识到自己越界了，或者无限制地试探你的底线。只有当你明确并坚定地表达自己的边界，比如关于个人空间、时间管理、情感需求以及可以接受的行为方式时，他人才更可能在这些边界内与你互动。这不仅防止了彼此之间潜在的冲突和误解，也找到了更好的相处模式。

了解自己的边界，才会更尊重别人的边界。正因为我们清楚自己的底线和舒适度所在，才会在与他人互动时更加注意不触碰对方的边界，这样有分寸的行为通常能获得相同的尊重回应。

生活中的边界感

第一，不要介入别人的生活

每个人都有自己的人生剧本，每个人都是自己人生的主角，想怎么演这个角色都是自己的事。当他人向你寻求帮助时，你可以适当地给对方提建议，但是无法对别人决策的结果负责任。因此不要干预对方的决定，要尊重对方的选择。这并不是冷漠，更不是无情，而是尊重边界的行为。

我的一位女性朋友经常向我"吐槽"她的男朋友。对方工作体面，且能为她提供情绪价值，但她实在受不了他不干家务。我并没有给她任何建议，因为没有人比她更懂自己要什么。我只是问她最看重伴侣的哪些品质，这些品质的排名是怎样的。经过深刻的自我剖析，她理解了自己的内心所求，选择和男朋友重归于好。如果我顺着她的描述直接劝她分手的话，她最后肯定会怪罪于我。因此，不管对方和我们的关系如何，我们都不要替对方做决策。

第二，保护自己的人生不被介入

在人生的道路上，你常常会遇到一些试图干涉自己生活的人，比如催婚催育、打听工资。他们可能是你的亲朋好友，也可能是和你不太熟的人。无论出于关心还是好奇，他们的干涉都往往会让你感到不适和困扰。

这时，你需要学会勇敢地说"不"，不要为了所谓的面子而隐忍。这并不是不近人情的表现，而是对自己负责、对他人尊重的态度。只有敢于拒绝那些不必要的干涉，你才能真正地守护好自己的边界，让自己的生活更加自由和美好。

职场中的边界感

有时候，你为了好好表现或者担心别人对自己的印象不好，即使感觉工作特别累，也不好意思拒绝领导或同事委托给自己的额外工作。这就是没有边界感的表现，实际上，就算你累得不行，体力脑力被严重透支，别人也不会记住这份恩情。因为别人并不能感同身受你的辛苦，他们看到的只是结果。也就是你顺利完成了任务，而且在这个过程中没有拒绝，也没有抱怨，这说明你有这个能力，甚至还可以做更多。因此，如果你不能捍卫自己在职场中的边界感，就会被别人变本加厉地对待。

如何树立职场中的边界感

首先，要找准自己的底线所在。要学会用语言和行动告诉别人，自己是一个有底线的人，超出界限就无法容忍。

其次，想要别人尊重你，你首先要学会尊重自己，正视自己的需求。比如你要有自己的私人时间，这段时间不可以被打扰，不要无缘无故让别人来侵占你的时间。

在树立边界感的同时，你可能会有得罪人的感觉。因为很多人在拒绝别人的时候会产生内疚、恐惧感，怕别人在背后议论自己，甚至会拉小圈子孤立自己。但是成年人应该有能力、有底气为自己的选择负责。如果对方没有格局，你更应该庆幸早点儿看清了他的面目，更要尽量远离这种人，不再跟他有过多的接触，否则只能被他消耗。

高情商在树立职场边界感中的作用

在职场中，我们虽然要有边界感，但绝对不能没有情商。

也就是说，我们在树立边界感时不能太过于生硬，让人下不来台。因为在职场中，领导很难喜欢一个和同事相处不好的人。

职场上的高情商，简单来说就是当你树立了一个明确的目标后，对于那些有利于自己实现目标的人，要学会投其所好，以此借力来达成自己的目标。情商最终是为我们的目标服务的，能够通过不让人讨厌的方式来达到自己的目的，这就叫高情商。

兼顾高情商和边界感，这样才能事半功倍。有的人的确树立了边界感，但别人只要一越界，他就立马暴跳如雷，这样的"边界感"只会得罪身边的人。

我们应该明白，需要远离的是那些消耗我们的人，而能为我们赋能、让我们锻炼能力的人，自然要张开双臂欢迎他们。

人的痛苦，

在于无法驾驭自己的人性。

你若无法驾驭人性，

那么，

你的生命能量就会被消耗，

结果可能带来财富与时间的流失。

第三节　向上销售，让自己不下牌桌

优秀的人是稀缺资源，他们往往会表现得很低调。不会随意与他人搭讪或调侃，始终保持稳重和尊重对方的态度，这使他们显得格外可靠和值得信赖。

那么作为普通人的我们如何进行"破圈社交"，与这些优秀的人交往呢？

让自己拥有留在桌上的资格

我身边有太多人因为犹豫和懦弱而错过大好的机会。比如学校举办演讲比赛，有人因为害怕自己表现不够好而放弃，于是只能站在台下眼巴巴地看别人在舞台上展现自己；班级里竞选班干部，有人觉得还是别人更优秀，自己能力没有那么强，于是不敢尝试竞选，最后只能遗憾地过完整个学期；毕业面试工作，有人因为过于小心翼翼，把握不住机会来向面试官展示自己的优秀，就只能接受被淘汰的结果。

在这个快节奏的时代，酒香也怕巷子深，胆怯有时候会让我们错失进步、展现的机会。人生本无定数，想要的都要靠自己去争取。如果一味隐藏锋芒，低调做事，不在别人面前积极展现自己的能力，那我们所做的一切就难以被看见，也难以获得别人的重视。

主动出击，建立联系

当你遇到一个才华出众、期望与之建立合作关系的人的时候，不应过于被动和矜持，而应积极地与对方建立联系。

机会总是留给有准备的人，所以在建立联系之前，你需要清晰地知悉自己与对方的目标是否一致，自己能够为对方提供什么价值，以及对方选择自己之后能得到什么回馈。当这些都了然于心之后，你就要迈出最关键的一步，那就是主动出击。

在现实中，机会往往青睐那些敢于主动出击的人。如果你总是等待，对方就不会知道你的存在，自然也不会选择你，你会因此错过许多优质的资源。因此，一旦发现合适的人选，就应该勇敢地迈出第一步，主动去了解和接近对方。

建立信任，获得对方的认可与关注

品质优秀的人往往会更加爱惜自己的"羽毛"，也更加注重维护自己的正面形象。不管在工作还是感情上，他们都不会轻易做出承诺，但一旦做出承诺，他们就会尽自己最大的努力去履行。这来源于他们身上的责任感，同时也是他们能获得成功的重要原因。此外，这样的人往往能够更好地控制自己的欲望，言行自律，对自己狠，地位才能更稳。

因此，想要与这样的人达成合作，你首先要在不同的情境里展示自己的价值和专业素质，始终保持行为和态度的一致性。当对方感知到你的友好时，可以再进一步，及时了解对方的需求，并且主动向对方提供必要的支持和帮助，加深对方对你的好印象。这样一来，当你有需求的时候，对方自然也会助你一臂之力。

养成记录和跟进的习惯，做好关系的维护

当你遇到智者和高人时，不能让对方仅成为你人生的一位过客。也就是说，在与对方建立一次联结之后，要及时跟进，维系好关系，让对方成为你重要的人脉资源。

其实你可以养成记录和跟进的习惯，记录对方的兴趣喜

好、行为习惯、特殊纪念日等，这样就可以有计划地精心准备一些惊喜，让对方感受到你的善意，也可以主动增加接触的次数，以不断地进行关系的维护。这个过程不需要太过刻意，让对方感受到你的用心即可。

我之前的一个同事加入公司比较晚，但她的专业技术过硬，得到了大家的信赖。同时，她也是一个待人真诚、非常用心的女孩，经常在换季的时候为大家准备合适的养生产品。后来公司有一个去国外进修的机会，领导立马举荐了她。可见，真诚永远是必杀技。

不要只做让自己开心的事，

要做让自己变得更优秀的事！

第四节　越主动麻烦别人，越受欢迎

中国人往往比较内敛，不管是向父母、爱人，还是朋友、同事，都很难表达出自己的真实情感。大家普遍认为表达情感是一件既尴尬又令人紧张的事情。

要改变这种观念，一个有效的方法是先请求对方帮助我们解决一些小问题，尤其是他们擅长并且能够轻松解决的问题。正如本杰明·富兰克林说的："如果你想交一个朋友，那就请他帮你一个忙。"

我们需要克服"害怕麻烦别人"的心态，因为不麻烦彼此，关系就无从建立。很多时候，好关系都是"麻烦"出来的。

假如你觉得一个人聪明大方，想要与其成为朋友，你就可以尝试"麻烦"他。如果他是一位热爱阅读的人，你可以请他推荐一本好书；如果他在计算机技术方面有所专长，你可以请他帮忙解决一些简单的计算机问题。

这些小小的请求，虽然看似微不足道，实则蕴含着深刻的意义。它们不仅能够让对方展示自己的才能，也为你提供了表达赞赏和感激的机会。

为什么好关系是"麻烦"来的

我们也可以换位思考一下：当相处不错的朋友找你帮忙时，你会觉得麻烦吗？其实并不会，你甚至还希望对方能够经常麻烦自己，认为这正是自己的价值所在。因为真正在乎一个人，是愿意为对方付出的。

而对于那些关系一般的人，或者只想着自己得到一些利益或者好处的人，我们才会担心他们麻烦自己。充满算计的关系往往不会长久，只会建立在一时的合作或帮助之上。真正支撑人们一起走下去的，是长期建立起来的相互关照和帮助。

《礼记·曲礼上》有言："礼尚往来。往而不来，非礼也；来而不往，亦非礼也。"好的关系从来不是单向的，一定是双向奔赴的。

我老家的邻居是一位非常实在的大哥，他家里出现了一些变故，手上也没有太多钱，就来我当时所在的城市打工。我知道这个情况后，就邀请他暂住在我家里，平时出去吃饭也会邀请他一同前往。

他总有些不好意思，觉得给我添了天大的麻烦。但这对我来说其实是一件非常普通的事，因为小时候他经常带着我玩，我偶尔还在他家里吃住，我们之间有很深的情谊。后来他的状况改善了一些，就搬出去租房住了，我们也就渐渐断了联系。

前两年他突然联系我，说了一些近况。原来他攒下一些钱之后没多久，就做起了小生意，先是从摆摊干起。随着合作增多，客户发现了他诚信的品质，认为他值得信赖，生意也就越来越大。2024 年初，我遇到了一些资金周转的问题，他不等我开口，就直接帮我打点好了一切。虽不常联系，但我们的友谊也因为麻烦彼此而变得越发坚固，会在对方需要自己时及时出现。

"麻烦别人"能为双方带来什么

每个人来到这个世界上都是为了追求一种价值感和归属感。当我们在帮助他人之后，大脑会试图在逻辑上保持一致性，从而在潜意识中形成对帮助对象的好感。这种好感的积累，可以逐渐转化为更深层次的情感联系。但更为重要的是，帮助他人能够提升我们的自我价值感和满足感。因此，从这个角度来说，麻烦其实是一种互惠，双方都能从中获得极大满足。

我朋友加入了一个非营利组织，该组织定期为社区中的老年人提供帮助。这些老年人因为她的帮助而感到生活更加便利，而她也因为能够为社会做出贡献而收获了自己的价值感。这让她在情绪低落的那段时间里，依然坚信自己是一个对社会有意义的存在，这足以支撑她度过一切孤独时刻。

我们只有麻烦别人，别人才好意思麻烦我们。礼尚往来，彼此互惠，互相提供价值，是维护良好人际关系的重要原则。

人一定要学会清空自己，

要知道自己总有需要改进的地方。

不夸耀自己的功劳、长处，

去欣赏别人的功劳、长处，

保持谦虚的态度，才能走得更远。

第五节　好的感情，无一例外是势均力敌的

《简·爱》告诉我们，爱是一场博弈，必须保持永远与对方不分伯仲、势均力敌，才能长此以往地相依。亲密关系中的两个人最好的状态是旗鼓相当、供需平衡，我们千万不要把自己当作关系中的弱者，理所当然地索取，只要求对方付出。

其实，不管是亲密关系，还是其他人际关系，我们都应当避免单方面索取的心态。很多人错误地理解沉没成本效应，认为对方只要多付出就会更加珍惜自己，这无疑是一种狭隘的理解。在任何关系中，付出与收获的平衡都至关重要，正如企业运营中成本与利润的平衡一样。如果一方的付出远远超出了收获，那么这种不平衡最终只会导致这一方对关系的不满。

亲密关系也是一种社会交换

感情的付出与回报其实是一种社会交换。心理学中的相互依赖理论解释了人际关系中的成本和回报问题。亲近是所有人际关系的目标，人们通过沟通，期望关系变得更加亲密。任何关系的经营都有成本和回报，人们总是试图控制最低成本，并追求回报最大化。

情感的投资更为复杂，我们所投进去的成本包括时间、精力、感情等，期望获得的回报是陪伴、照顾等。但这些都是不好量化的，我们无法用数值来评估自己的投入和产出是否平衡。正因如此，我们才有深深的恐惧：我为你做了这么多，但你为什么不像我爱你一样爱我？这种比较最终可能造成我们的内耗、纠结。

在感情里，我们既不要把自己看低，觉得自己应该是照顾、付出的一方；也不能"恃宠而骄"，把获得对方的爱视为理所当然。我们要时刻提醒自己：关系的本质其实就是价值的平等交换。我们应该以心比心，理解并尊重对方的立场和选择；也要始终保持积极的状态，你有工作，我也有工作，你在努力变好，我更是如此。大家都在共同向好，关系才会更加牢固。

可能你会问："当我遇到心仪异性时，该怎么办？"首先，要保持自信和真诚，展现自己的个性和能力，让关系建立在对方对自己欣赏和尊重的基础上。其次，努力提升自己，无论是在专业领域还是个人兴趣上，通过不断学习和成长，增加个人魅力，在关系中创造更多的良性互动。这种相互促进和支持的关系，能够使双方都能从中获益，实现共同的成长。

当然，你应该警惕"情感骗子"，某些异性可能会通过甜言蜜语和过度讨好来吸引你，让你享受被关注和赞美的感觉，而其背后则隐藏着不良的动机。花言巧语虽然听起来令人愉悦，但往往只是表面的迷惑手段，不一定代表真实的情感和意图。因此，在选择伴侣或建立深入关系时，应该更多地评估异性的内在品质。

你应该寻找那些本身就具备良好品质的人，如性格坦率、是非分明、真诚、有责任心，愿意为伴侣提供真正的保护和支持。长远来看，这样的品质能够为双方建立稳定和坦诚的关系打下坚实的基础。

总之，在交往中，既要尊重别人，也要尊重自己，追求真诚、尊重和相互理解的关系，而不是表面的奉承和讨好，这样才能时刻保持清醒，避免受到不必要的情感伤害，找到真正值得信赖和依靠的伴侣，发展势均力敌的关系。

当你想感动对方的时候，
就说明你配不上对方。

只索取，

不付出，

是大多数事情失败的直接原因。

第六节　学会向上社交，
让优秀的人主动靠近你

为什么要向上社交

我们首先来深入探讨一个核心问题——为何我们需要向上社交？因为每当我们踏上更高的台阶，就会欣赏到不同的风景，人生的阶梯似乎永远没有终点。

向上社交的本质在于不断拓宽自己的视野和认知边界，让自己接受不一样的教育，从而拥有独特的、不可替代的竞争力。在这个时代，机会无处不在，我们需要通过不断学习和实践来抓住它们。否则等机会来到我们眼前时，我们未必能抓得住。

我有一个习惯：我会及时把听到的比较稀缺的认知或观点记下来，特别是和一些"大咖"聊天之后获得的启发。我曾有幸参加了一场行业内的分享会，莅临现场的嘉宾无一不是业界的佼佼者，其中不乏身价过亿的精英。

在交流中，我秉持着谦逊学习的态度，随手记录下他们的见解与智慧，这使得他们更愿意与我分享他们的心得与经验。这是一个极好的学习机会，我能够直接接触行业内的关键信息和经验，从而拓宽自己的视野。

同时，这也是一个建立人际关系网的宝贵机会，通过与这些业内"大咖"的交流，我建立起与他们的联系，为未来可能的合作奠定基础。

与优秀的人交往才能进步

我们需要建立一个共识——与比自己更优秀的人交往，是让自己快速进步的途径。因为不同的圈子传递的信息是截然不同的，一个优秀的圈子能够为我们提供更有价值的信息和更稀缺的机会，特别是关于行业变革的关键信息。每个行业都有核心圈子，如果我们能够比他人更早地获取核心圈子掌握的信息，就能利用信息差为自己创造回报。事实上，许多商业机会也都源自这种信息差。

如何与比自己优秀的人建立联系

有些人可能会说："你说的这些我都明白，但我没办法接触那些有眼界的人。"我们不妨环顾一下身边的人，无论是同学还是朋友，总会有一两个人在经济或能力上较为突出。根据六度关系理论，我们与世界上任何一个人之间的间隔都不会超过六个人。这意味着，只要我们愿意，最多只需要通过六个人，我们就能认识世界上任何一个人。我们更应该想的是如何与比自己优秀的人建立联系。

第一，我们需要保持一颗真诚的心，通过积极、正面的方式，比如共同的兴趣爱好、专业背景或社会活动等。这样不仅能够让彼此更平等地交流，还能够为我们带来更多的机会和可能性。就像婚姻需要用心维护一样，人际关系同样需要付出努力来维持平衡。我们在展示出自己的诚意和尊重之后，并不一定会立即得到反馈，但一定要坚信，**真诚是永远的必杀技**。

第二，在与优秀的人交流时，要注意自己的言辞，深思熟虑后再开口。我曾经参加过一个饭局，有位非常厉害的"大咖"分享了自己的投资经验。在场有个人不合时宜地问了一个关于美股购买的问题，场面一度陷入尴尬。我们要明白，第一印象非常重要，一旦因为不会说话而给人留下不好的印象，未来就很难化解这种局面。因此，在与他人交流时，我们要先思考再发言，确保自己的言辞得体、观点有深度。

第三，要有长远的眼光。关系不是一蹴而就的，需要时间和耐心去培养。在这个过程中，我们要展现自己的价值，**多想想自己能给别人提供什么帮助，不要一开始就想着从别人那里得到什么。**当我们真心实意地结交对方时，对方自然会看到我们的价值和努力。这种互相尊重和欣赏的关系才能长久而稳固。

第四，要学会自我营销。互联网为我们提供了很方便的舞台，我们可以通过社交平台展示自己的价值观和思想，发布一些有深度、有见地的文章或观点。对方在看到我们的思想深度和广度后，往往更愿意与我们交流。

第五，要懂得感恩和回馈。在力所能及的时候，多去帮助他人，无论是给予言语的鼓励还是实质性的帮助，都可以体现我们的诚意。不要期待立即得到回报，因为无私的付出会让我们的能量和磁场越来越强，我们的人生也会变得更加顺利和幸运。

真正聪明的人，都是善良地对待周围的一切人，德行修炼永远大于能力修炼。

很多人，

一旦与之深入交往，

就会发现他们并不是"对的人"。

第五章

锻造自信有锋芒
的自己

* * *

女人想要得到更好的爱，就要让自身如珠如宝，让自己既有价值，又有气质。善于自我投资的人，做什么都不会输。

第一节 避免情绪骚扰，
做一个情绪稳定的人

学会控制负面情绪对于个人的身心健康以及人际关系的和谐都至关重要。负面情绪，如愤怒、焦虑、沮丧等，如果不加以管理和控制，可能会像山洪暴发一样带来破坏性的后果。例如，一些人在愤怒时可能会失去理智，做出一些事后感到后悔的行为。同样，在职场上，情绪失控可能会导致我们与领导、同事发生不必要的争执，甚至可能丢掉自己的工作。

如何控制情绪

无论在职场还是感情生活中，能够最终达成目标的人往往都具有三个特征，第一个是嘴甜心硬，第二个是情绪稳定，第三个是目标明确。

第一个特征，**嘴甜心硬**，其实就是高情商。我们的心可以很硬，但嘴一定要甜，要学会先夸奖别人，及时捕捉别人的优点。那怎么夸奖呢？一般来说，可以抓取别人与生俱来的一些特质进行赞美。以前有一个刚认识不久的人夸奖我的眼睛，他说："是不是好多人都说你的眼睛很漂亮，你的眼睛不只漂亮，眼神还很清澈，你一定是一个善良的人。"我相信每个人听到这样的赞美都会被温暖到。自那以后，我觉得他真心把我当朋友，自然也不会对他设防。

夸人的最高境界就是既夸奖到别人的内心深处去，又能够让别人进入我们设定的"框架"。如果我们这样夸奖一个男人："我觉得你一身正气，你之前是当过兵吗？看起来好有安全感啊！"未来相处中他一定不会和我们要小心眼，因为他会自动进入我们给他设定的"框架"，努力维持"一身正气"的印象。

第二个特征，**情绪稳定**。我们的情绪分两种，一种是正面情绪，一种是负面情绪。前面已经说了控制负面情绪的必要性，那我们的正面情绪需要控制吗？其实，也是需要的。

控制正面情绪，最重要的是要分清自己当下所做的事带来的刺激感受或快乐情绪，是有益于我们追求长期目标，还是仅仅是当下的"奶头乐"。"奶头乐"所带来的即时、短暂的"快乐"，只会让我们丧失理智和面对现实的能力。因此我们要及时斩断"奶头乐"带来的短暂快乐，不被即时情绪控制。

负面情绪相对来说更难控制。真正的高手都喜怒不形于色，无论高兴或不高兴，他们脸上的情绪都不会有太大的波动。

当负面情绪产生时，首先，我们要对抗生理反应，比如无法集中精力做事、没有食欲、失眠等，这些反应会导致一系列更加消极的后果。其次，不找借口，客观看待自己负面情绪产生的原因。比如愤怒大多是因为无力改变现状，我们需要做的事情就是复盘、吸取经验。我们要养成一种思维惯性，即从失败中找收获，而不是钻牛角尖，永远想着失去的东西。

第三个特征，**目标明确**。想要控制负面情绪，就要以结果为导向，以目标为导向，以利益为导向，将注意力聚焦在目标上。这样一来，我们的思维和情绪都会朝着正向发展。

如果我们永远跟着自己的情绪走，那我们就是情绪的奴隶，不仅自己深受其害，还会波及身边人。反之，高手不仅能够控制自己的情绪，还能安抚他人的负面情绪。

很多人之所以感情之路一帆风顺，就是因为他们以目标为导向，知道不能让情绪伤害彼此的感情。他们会顺应伴侣的情绪，不断为其提供情绪价值，而不是去一味批判伴侣的行为。对待伴侣如此，对待领导、同事也应该如此。我们要做的不是辩论对错，而是抚慰对方的情绪，以达到自己的目的。

如何利用自己的情绪

情绪也可以被利用，比如领导拍桌子发脾气，他其实不只是在发泄自己的情绪，而是用愤怒表达态度，实现他的管理目标。高手知道什么情况下要用负面的情绪震慑别人，什么情况下要用正面的情绪积极影响别人。

所以我们一定要学会从情绪中找到对我们有利的方面，必要时还要借助情绪达成自己的目标。

记住，当一个人懂得思考，有执行力，又能够控制情绪，不怨天尤人时，那他就离成功不远了。

世界本来很简单，

是我们自己把它复杂化，

给自己设了一堵墙，难以逾越，

导致我们止步不前。

第二节　社交有情商，资源不用愁

我们不难发现，那些能在社交场合游刃有余的人，往往拥有不错的职业发展。他们能更好地掌控自己的生活节奏，处理复杂的人际关系。

情商高的人不仅能够理解他人的情绪，更能在社交互动中运用这种理解，以达成积极的结果。在现代社会，情商已成为衡量个人社交能力的重要指标之一。它关乎我们如何感知、理解并影响他人的情绪，以及如何管理自己的情绪反应。拥有高情商的人在社交场合中总能游刃有余，他们擅长建立信任、化解冲突，并能够吸引和利用周围资源，从而轻松达成自己的目标。

有效沟通是高情商的基础

为什么有的人能句句说到别人心坎里，而有的人却说得越多，错得越多呢？

有时候，我们讲述一件事情，会被对方误解或曲解，我们不得不一再解释。其实，我们说的话不被理解，并不一定是对方的理解能力差，而很可能是我们自己的表达有问题。

有些人不管和谁说话，总能讨得对方的欢心。这些人不仅表达力比较突出，更重要的是善解人意，容易看透别人的心思。这种本领更多是与生俱来的，这些人天生具有同理心，能够敏锐地感知别人的情绪和需求。别人和他聊天会感觉很舒服，因为自己的心理诉求总能在他那里得到很好的满足。

当然，如果你天生没有这种共情能力，通过后天的努力也能练就。

第一，积极倾听远比急于表达更重要

说到聊天，有的人可能会以为要口才特别好、能说会道才能得到别人的欣赏。其实，在两个人的沟通当中，**会听有**

时候比会说更为重要。很多人在聊天的时候都急着表达自己的想法，给对方的感受就是"他可能没有用心听我说话"。

真正高情商、会聊天的人，不一定多么会说话，却一定会积极倾听，因为会表达的人很多，但是真正会倾听的人却很少。能让关系越聊越亲密的第一个技巧，就是积极倾听。**积极倾听**也有一个公式，即**"复述 + 知觉检验"**。

倾听，除了认真听对方的说话，还要传达我们的关注和理解，让对方感受到自己是被在意的。而这一目标需要复述来实现。复述看似多此一举，实际上这一方面可以检验自己的理解是否正确，另一方面也可以避免因误解引起争吵和冲突。

如果说复述是对于内容本身的有效反馈的话，那么知觉检验就是对于情感的有效反馈。简单来说，知觉检验就是去阐述对方说过的话，确认某些说辞，最后让对方判断我们的理解和感受是否正确。知觉检验最简单的句式就是，在我们对倾诉者的所有回应后面加一个"对吗"或者"是吗"。

通过复述和知觉检验，完成整个倾听过程，这种沟通方式有助于减少人际交往的困难，同时也能传达出我们对于对方的关怀和体贴。

第二，精准表达，避免冲突升级

有人可能会说："我知道沟通的重要性，可是有时候跟某些人聊天，真是越聊越生气，感觉在对牛弹琴。"其实，每个人的思维都存在差异，正是这种差异增加了沟通的难度。

想要打破这个差异，可以套用**精准表达**的公式，即**"第一人称叙述 + 行为描述"**。所谓第一人称叙述，就是凡事都用"我"开头，去阐述自己对某些事情的情绪反应。比如，"我现在感到很难受"和"你让我很难受"，前者是在表达我们自己的内心，后者就属于对对方的责备了。很显然，前者更容易得到积极的反馈，而后者则更容易引起别人的反驳和争吵。

有一次，我和我妈因为一件事情发生了冲突。当时我很生气，但是我并没有直接发火，因为我知道发火并不能解决问题，所以我选择告诉她自己的感受："我现在有点儿生气，这个事情我们待会再讨论可以吗？"发生冲突的时候不要责备对方，因为人都是情绪化的动物，负面的情绪表达只会让事情变得越来越糟糕。

"行为描述"，指我们要详尽地描述那些引起我们不适的行为，而不是针对某个人进行评判，也就是我们说的"对事不对人"。我们经常说的"你看你做的好事",这就是模糊不清的表达,会让对方有受到人身攻击的感觉。另外,当我们描述行为的时候,最好将话题锁定在可看见和处理的具体行为或者事件上,比如"你刚才没有认真听我说话,我感觉自己被忽视了"。

如何提高社交情商

有的人分不清高情商与老好人的区别,其实区分这两者很简单。**老好人以消耗自己为前提,高情商则为了达成目的而投他人之所好,争取的是自身利益最大化。**

比如,如果你想当经理,有如下两种方法:一个是让所有同事都喜欢你,愿意去支持你,这意味着你要多做很多工作;第二个是让领导喜欢你,把领导交代的任务都做到极致。你觉得哪一种方法更有可能实现经理梦?

现实中,肯定是第二种方法更容易胜出。因为第二种做法的目的性更强,他们不讨好身边的同事,只让领导看到自己的成果与才能。他们不做无用的付出,只把有限的精力专注于自己的目标。

当然了,与领导搞好关系并不意味与同事的关系不融洽。高情商的人能游刃有余地经营好各种关系，同事们也许不怎么喜欢他，但是当他想做成一件事时，即使同事和他不是同一个战线的，也愿意帮他一把。我们应该怎么做，才能让所有人都愿意帮我们一把呢？

首先，要懂得洞悉别人的心思

不管是夫妻、好友，还是领导、同事，如果我们能揣摩对方真正的心思，再去投其所好地进行交流，跟对方交心，就能增进彼此的感情。

有的人用微信与他人沟通时，总是连续发很多条长达60秒的语音，这些长语音听起来特别费劲。这样的人就是不懂得洞悉别人心思的人，他们只考虑到自己的方便，没有照顾到对方可能并不想听那么长的语音。那我们应该怎样与人打交道，看透他们的心思呢？

其实很简单。第一，要有一定的知识储备，多多看书，比如《史记》这种包含很多策略的书，书中的知识是可以用到生活之中的；第二，积累经验，学会观察身边的高人是如何为人处事的，这是让我们少走弯路的绝佳方式；第三，换位思考，你想怎样被对待，你就怎样去对待别人。

其次，看清自己的处境

有时候我们可能会面临一些比较复杂的局势，或需要跟他人博弈。这时候最重要的就是看清楚自己的处境，以及分析对方的优劣势，让自己获得成功的概率大幅上升。

但是，有时候就算你情商再高，博弈能力再强，都无法成功，因为这场博弈可能一开始就是死局。此时最好的办法就是及时止损，把损失降到最低。只要继续坚持，从头再来，未来就总是有机会的。

最后，摆正自己的位置

一个人最难的就是有自知之明。在职场当中，如果我们看不清楚自己的定位，就很容易出现人际关系紧张、工作不顺利等问题。该我们做的事情就去做，不该我们做的事情就不要越界，把自己手头的事情做好就可以了。

有很多人，他们的工作能力还可以，但是很难升职加薪，就是因为看不清楚自己的位置，总是把平台影响力当作自身实力，把同事当作假想敌，这样的人注定无法走得太远。

如何获得更好的资源

成功人士之所以能成功，往往是因为他们具备一些独特的品质和能力。特别是那些完全依靠自己努力取得成功的人，他们往往在成功的道路上经历了无数的挑战和困难，这些经历和困难塑造了他们坚韧不拔的性格和独立自主的精神。

这些成功人士往往具有一种内在的自信和骄傲。这种自信并不是盲目的自大，而是源于他们对自己能力和价值的深刻认识。尽管他们可能在社交场合中与别人打成一片，但他们始终保持着一种客观和理性的态度，以一种审慎的眼光看待周围的人和事。同时，他们不喜欢那些只会溜须拍马的人，往往更倾向于与那些真诚、坦率、敢于表达自己观点和感受的人交往。

那么，该如何与这样的人相处呢？

第一，得体的着装是展现形象的第一步

无论面对什么样的人，着装的选择和搭配都应该体现出尊重，并且符合所处的场合。尤其在职场上，我们的着装应避免过于暴露或随意，得体的着装可以传递出我们对工作的

认真态度和对工作场合的尊重。

同时，了解并遵守不同场合的着装规范，可以展示出我们的职业素养和对细节的关注。适当的着装不仅能够提升个人形象，还能够增强我们在职场中的权威感和信任度。在选择服装时，应注重服装的质量和款式，避免穿着不洁净或不适合的服装，这可能会给人留下不专业的印象。

第二，保持适当的幽默感

能够开得起玩笑，同时以幽默化解尴尬的场面，是一种社交智慧。这不仅能够展现出一个人的风度和魅力，也能够让自己在复杂的人际关系中保持清晰的界限。

在与他人交流时，我们应当学会以轻松愉快的态度应对各种情况。例如，在一些社交场合中，可能会遇到调侃和玩笑，这时适当的幽默回应不仅能够增加互动的乐趣，也能够显示出我们的开朗和友好。当然，重要的是要把握好分寸，避免引起误解。

第三，清晰、直接的沟通方式

特别是在与较为理性的合作伙伴交流时，应重视目标、逻辑性、理性思维和数据驱动的决策过程。比如在讨论商业计划时，我们应该注重提供具体的例子和详细的数据。

例如，明确指出投资的金额、预期的回报周期、潜在的风险以及预期的利润。这种直接而具体的方式有助于对方快速理解我们的提案，并做出明智的决策。同时，应尽量避免使用过于感性或模糊的语言，坚持用事实和数据说话，这样可以避免不必要的误解和混淆。

如何与贵人相处

第一，保持大气、不计较的心理特质

有一定社会地位的人通常有着丰富的经验和较高的眼界，他们更愿意与有大格局的人交往和合作。因此我们要表现得大气，不纠结于小利益、小得失，这样会让对方觉得我们是一个可塑之才，值得给予帮助和支持。

大气的人往往能够以更积极的心态看待问题，在面对挑战和困难时也更有韧性。这种品质会给贵人留下深刻的印象，让他们更愿意在我们身上投入时间和资源。

同时，贵人通常不希望为了鸡毛蒜皮的小事而打乱自己的计划，因为这不仅可能造成更大的经济损失，更可能会破坏彼此之间的信任和友谊。他们更看重的是长远的合作与共

赢，而非眼前的蝇头小利。因此，在与贵人相处时，展现出自己的大气和格局，不仅是对他们的一种尊重，也是为自己赢得更多机会和资源的智慧之举。

当然，这里所说的大气并非无原则的退让，而是在合理的范围内，以更加宽容的心态去处理问题。这意味着我们在面对分歧和冲突时，要能够保持冷静和理性，以建设性的方式寻求解决方案，而不是一味地妥协或逃避。只有这样，才能在与贵人的交往中保持自己的立场和原则，同时赢得他们的尊重和信任。

第二，保持谦逊和真诚非常重要

与他人建立深层次的关系时，我们可能会面临一些心理障碍，比如担心自己显得不够独立或不够强大等。其实，真正的力量并不来自强势的表现，而是谦逊和真诚。

在与他人相处时，学会适当的示弱和夸奖是一种智慧。我们并不需要降低自己的身份，只是通过赞美和认可对方，建立起一种相互尊重和理解的关系就可以了。同时，也可以坦露一些个人的信息，比如家庭、教育等方面的经历，让对方感受到我们的真诚和坦率。**不要害怕展示自己的脆弱，因为真正的力量来自能够面对自己的不足，并从中学习和**

成长。

记住，每个人都值得被尊重和理解，无论是在个人生活中还是商业环境中。通过展现真诚和谦逊，我们不仅可以赢得他人的尊重，还能够在各种关系中建立起更加稳固和持久的联系。这种基于相互理解和支持的关系，将为我们带来更深远的影响和更丰富的人生体验。

第三，真诚赞美和夸奖他人能够增进彼此关系

正面的交流不仅能够让对方感受到尊重和认可，也能够在社交场合中营造出一种积极和谐的氛围。当我们在社交活动中遇到值得尊敬的人时，不妨大方地表达对他们的欣赏。

此外，这种欣赏不仅局限于面对面的交流，也可以通过第三方传递。比如，向我们的朋友或同事提及某人的成就和优点，这种间接的赞美有时比直接的夸奖更显诚意，能起到更意想不到的效果。

第四，价值互换，互惠分享

积极分享自己的专长和知识，力求为对方带来正面的影响和帮助。

通过这种方式，我们不仅能够为他人提供实际的帮助，还能够在彼此之间建立起一种互惠互利的关系。当我们慷慨地分享资源和知识时，别人也会更愿意在适当的时候进行回馈，分享他们的资源和信息。这种基于共享和互助的交流，能够让我们在社交圈中获得更多的信任和尊重。

高手，

重视避免失败，

而不是一味地追求成功。

第三节　提升气场的四个方法

　　拥有强大的气场是非常难得的，它能够帮助我们在各种社交场合中保持自信和尊严。一个人的气场并不是通过言语的多寡来衡量，而是通过行为和态度来展现。当我们以坚定和自信的态度表达自己的观点时，往往更能赢得他人的认可。

　　我们要学会在合适的时候表达自己的立场和底线。当别人触碰我们的底线时，及时而明确地表达不满，不仅有助于维护自己的尊严，也可以向他人展示我们的边界和原则。很多人在生活中被坑骗、被欺负，其实是因为自己的主体意识模糊，也没有明确的边界感。因此，我们需要不断地提醒自己，保持清晰的边界感和坚定的态度，这样才能够避免被他人利用。

　　那么，如何有效提升自己的气场呢？

勇敢地说"不"，明确地拒绝

当别人提出一些让你感觉不舒服，或者不合理的要求时，必须勇敢地拒绝，不做冤大头。比如，那些与你不怎么往来的远房亲戚看到你赚钱了，就来找你借钱，此时你的内心深处是不愿意借的，但又不好意思拒绝他。其实你的不好意思，恰恰就是对方利用你的工具。那么你可以直接告诉他："我手上没有钱可以借给你，帮不上你了，实在是遗憾。"

总之，当关系浅的、长久不往来的或者爱占小便宜的朋友找你帮忙做不合理的事时，要明确地告诉对方，自己帮不了这个忙。

不被任何人打乱自己的计划

在谈恋爱的时候，如果自己已有其他安排，而对方临时提出一起吃饭，这时候一定要明确地拒绝对方。不要为了任何人随便改变自己的计划，这样一来，对方才会尊重你的时间。

在职场中，如果有同事想让你帮忙顶班，而你已经有了自己的安排，就要直截了当地拒绝。如果不想让同事觉得你不通人情或者冷漠，拒绝的时候可以给出充分的理由说明，让对方知道自己不是不想帮忙，而是确实有事。

永远把自己的事情放在第一位，永远置顶自己的感受，不要随意更改自己的行程或者安排，别人自然会提前约时间或者先来询问你的时间安排。

以攻为守，懂得索取

在人际交往中，理解和尊重不同的人格特质是非常重要的。我们常说"对君子用君子的道理，对小人用小人的规则"，这里的"小人"并不指道德品质低下的人，而是那些可能缺乏边界感，容易在人际互动中得寸进尺的人。这是一种智慧的社交策略。

在与他人互动时，应当学会以礼相待，但同时也要维护自身的利益。当他人请求帮助时，你自然可以提供支持，但同时也要明确表达自己的需求和期望。比如，可以这样回应："我很乐意帮你，但是如果你能在我需要的时候也帮助我的话，那就太好了。"这种方式不仅能够体现自己的慷慨和乐于助人，也能够确保双方的互动是平等互惠的。

对于占用了自己的时间、精力的人，如果不要求其回报，就只能说明两件事情：要么是你的时间不值钱，所以别人能够随便地使唤你；要么是这个人在你心里非常重要，你愿意无偿为他付出。

同样是买衣服，一件衣服花了 50 元，另外一件衣服花了 1 万元，你觉得哪件更有价值？一定是后者。同理，任何人找你帮忙，都应让对方付出一定的代价，让他们知道你的帮助是有成本的，这样才能维持一种平等互惠的关系。

深藏不露

你不能但凡遇见一个人就喋喋不休地讲述你的遭遇、感受等琐碎的内容。深藏不露，就是说不要让别人摸清你的底细。让别人琢磨不透，也是实力的一部分，因为看不透你，对方才会有所忌惮。

气场是看不见的，但它的力量是巨大的。就像万有引力一样，气场强的人吸引的都是积极向上的人，所以一定要有意识地提升自己的气场。

一切问题的答案都在内心深处。

抱怨命运不公没有意义，

我们能改变的只有自己。

如果不满意现状，就去向善。

当你这么做时，

你会发现周围的人也变了，

环境也变了。

第四节　能力边界：尽所能，敬所不能

　　成功人士往往看起来非常松弛、不焦虑、从容。真正让他们和普通人拉开差距的，其实是一个看起来不起眼，但实际上可以让人走向成功的特质：**了解并接受自己的能力边界**。也就是清楚自己哪些事情办不到，哪些事情办得到。

　　股神巴菲特就有一条非常重要的投资原则，即清楚自己的能力边界。他说，无论什么时候，都要知道自己在做什么，这样才能做好投资。而正是这样的认知，让他在过去60 余年的投资生涯中只买了 78 只股票，因为他从来不做能力边界之外的事情。

　　当比特币风靡全球时，很多人都去投资这种虚拟货币，一时间赚得盆满钵满。但巴菲特多次公开声称不碰比特币，因为他并不是特别了解这种虚拟货币，这对他来说就是能力范围外的事物。

为什么要在能力范围内做事

不懂的事情不要做，这个道理看似简单，实际上很少人能够做到。因为我们总是习惯性地低估困难，而高估自己的能力。**能力越低的人，越容易高看自己**。在心理学上，这被称为"达克效应"。

那些真正能成大事的人，都会注重能力边界，他们会在能力范围内寻找更大的价值空间。正是因为他们的目标明确，懂得扬长避短，才会聚焦于边界内之事，不冒险，才能规避更多的风险。

在职场上，领导交给你一项工作，如果这项工作超出了你的能力范围，就要尽可能地推出去。因为如果你硬着头皮接下来，一旦没有做好，就会影响到自己的信誉度。下次领导再安排工作时，会犹豫要不要再找你。人际交往也是如此，盲目地说大话，只会让别人对你产生怀疑。要在自己有优势的领域与他人竞争，而不是在自己没有优势的地方和别人比较。

如何找到能力边界

如果你明明非常努力了，但是仍然达不到别人的要求，那么很有可能是这项工作已经超出了你的能力边界。

就像一名初级厨师被安排在一家高级餐厅负责制作一道复杂的法式甜点，尽管他非常努力地学习食谱，尝试了无数次，但最终做出的甜点仍达不到主厨的标准。这并不是因为他不努力，而是因为他没有经过系统的学习，对于这道甜点的制作技巧和细节也不是非常了解。总之，就是这项工作超出了他的能力边界。那我们如何找到自己的能力边界呢？

首先，要进行自我反思，也就是花时间思考过去的经历，识别自己擅长的领域和感觉有挑战的地方。有时候自己的判断可能不是特别准确，这时可以寻求朋友、家人的帮助，从他们那里获取更客观的反馈，他们可能会指出我们未意识到的特长与短板。

其次，根据你想要达成的结果设定具体、可衡量的目标，同时尝试新的任务或项目，在实践中一点点地扩展自己的能力边界，最后达成目标。但是需要注意的是，这个过程中肯定会遭遇多次失败，你不能一遇到失败就退缩，而要认识到失败是成长的一部分。通过分析失败，你可以更好地了解自己的能力和需要改进的地方。

正反馈在扩展能力边界上的重要性

"正反馈效应"是一个心理学概念，指成功或符合他人价值观的行为受到鼓励和肯定，进而促进该行为或相关行为的正向发展和持续改进。

正反馈是一种增强回路。一个人在某个方面的表现得到的正反馈会激励他继续努力，并且越做越好。反馈和后续行为之间形成了一个闭合的循环。比如，你因成功完成某项任务而获得成就感，这种成就感又会鼓励你继续努力或尝试更具挑战性的任务。这个过程能促进你扩展自己的能力边界，激励自己持续改进和优化，从而逐渐扩大个人能力和影响力的范围。

同时，这种积极的反馈还能帮助你更好地理解自己的优点和不足，从而更有针对性地提升自己的技能和知识。更重要的是，面对新事物、新环境时，正反馈能够为你提供安全感，让你尝试在失败中学习，而不是因为害怕失败而止步不前，最终实现自我超越。

改变命运，

从热爱工作开始。

唯有真正热爱工作，才能做好工作，

才能走向成功。

第五节　打造魅力人设，学会有效吸引

　　个人形象的塑造过程其实是自我营销的过程。就像经济学中的供需关系一样，我们希望在社交中获得更多的认可和机会，就需要学会如何更好地展示自己。这不仅仅是为了吸引优质的伙伴，更是为了在事业和生活中获得更多的成功机会。

　　在这个过程中，我们首先要理解吸引力的原理，明白是什么让人们被吸引，这是我们建立魅力人设的基础。我们需要展示出自己的独特之处，让别人看到我们的价值和潜力。

　　在互联网时代，朋友圈成了我们展示自己的主要窗口。人们通过朋友圈了解一个人，并形成第一印象。一个优质的微信朋友圈，不仅能够展示我们的外在形象，更能展示我们的内在品质和生活态度。

　　那么到底什么是吸引力呢？从心理学的角度上来说，吸

引力就是我们对于别人的奖赏意义，直白点儿说，就是让别人感到舒服。接下来，我分享三个提升吸引力的小技巧。

增加曝光效应

曝光效应是心理学中的专业名词，它是一种心理现象，就是我们通常讲的"熟悉定律"。我们会偏好自己熟悉的事物，会对不断出现的东西产生信赖感，对不断出现的人产生亲密感。我们买东西总是会选择熟悉的品牌，就是这个道理。

社交也是遵从这个定律的。在人际交往中，我们见到某一个人的次数越多，就会越觉得这个人招人喜欢，令人愉快，这听起来有点儿像"日久生情"。如果想让一个人觉得你很有吸引力，首先要做的就是增加曝光，让他对你产生熟悉感，之后再在对方面前展现魅力。

寻找相似处，建立共同点

物以类聚，人以群分。我们被一个人吸引，往往是因为对方身上有某些和自己相似的地方。跟有共同点的人相处的时候，我们往往会感到舒服、放松，觉得自己得到了支持。

而如果和完全没有共同点的人在一起，我们会觉得比较压抑，怀疑自己的判断，思想上也不敢懈怠，双方自然没有办法走入彼此的内心了。

和与自己相似的人相处不仅舒服，彼此在比较重要的事情上的意见往往也是一致的，这样就会省去很多沟通的成本，也会减少不必要的冲突。特别是当彼此互相认同的时候，就会让对方觉得与我们有共性，从而更愿意与我们交往。

自我提升，让别人发现你的美

心理学上有一个词叫"晕轮效应"，就是说当月亮特别明亮的时候，它的边界就会变得模糊不清。那么在人际交往中，如果我们身上的某个优点特别突出，别人就更容易接纳我们身上的所有特质，而不会挑剔我们的某些不足的地方。

爱美之心人皆有之，不管是男还是女，人们都喜欢那些好看的人或物。美丽的外貌会让对方感到舒适，给对方带来视觉上的享受。但外貌的范围并不是仅仅指长相，打扮得舒服得体，形体的健美都属于"外貌美"的范畴。此外，还有一种更重要的美，就是美德。具有善良、乐观、坚强等一系列美德的人，往往都是闪闪发光，充满吸引力的。

人是自己观念的囚徒。

你的时间在哪里，

你的成就就在哪里。

第六章

立人性之上，
清醒地活

＊　＊　＊

人生重在更多体验。想要成长，就要勇于放下执念，允许更多可能发生。

第一节　敢于直面冲突，善于和解

在人际交往中，我们或多或少总会遇到一些冲突。我们不必把冲突"妖魔化"，因为冲突并不是灾难，也不会阻碍关系的发展。人与人之间的背景不同，性格和价值观不同，对待事物的看法也不尽相同，产生冲突也无可厚非。

敢于直面冲突的人，才是内心真正强大的人。冲突可以提醒我们为关系设定边界，为自己争取合理的利益，将不属于自己的部分归还对方，将属于自己的责任勇敢承担。因此当冲突产生之后，我们无须夸大其负面影响，直面并应对冲突是最好的办法。

有些人总是会固执己见，不愿意解决冲突，这其实不利于关系的修复和事情的缓和。当关系陷入僵局时，一定要及时解决问题，因为拖延太久对双方的关系会造成不可逆转的伤害，更不利于工作的推进。

真正的强者是那些愿意主动让步、改善和突破冲突的人。他们不用对方来哄劝或提供下台的台阶，而是积极地采取行动，以高维度的视角审视问题，寻求解决方案。**我们应该培养自己成为主动解决问题的"猎手"，而不是被动等待的"猎物"。**为了解决冲突，我们可以采取一些策略。这些策略既能巧妙地打破僵局，同时还能维护双方的自尊心。

只有看见对方的需求，才能对症下药

解决冲突需要运用自己的同理心，那么同理心是什么呢？简单来说就是"己所不欲，勿施于人"。我们希望别人怎么对待自己，就要怎么对待别人。只从自己的角度看待问题，就有可能出岔子。比如我们喜欢开玩笑，别人却会觉得被冒犯；我们喜欢大声放音乐，别人却觉得是一种噪声。

可见，同理心的关键在于要站在对方的立场上进行换位思考，设身处地地感知、把握和理解他人的情绪和情感，而不是单纯从自己的角度出发去判断对错。

那么同理心对于解决冲突有什么作用呢？当冲突发生时，各方往往坚持自己的立场，难以看到对方的观点和情感。如果我们能主动设身处地地考虑对方的感受和需求，那么这种情感的共鸣就会帮助我们打破隔阂，建立信任。

在同理心的影响下，我们的情绪会趋于平静，也更愿意倾听、理解和包容对方，从而能够与对方一起共同寻找更为公正、合理的解决方案，实现冲突的和平化解。

强化共同目标，只有达成共识，才能"劲往一处使"

在现实生活中，我们绝大部分人都是或大或小的团队中的成员，比如家庭团队或工作团队。团队工作必然存在矛盾，只有找到共同目标，才能将矛盾化为力量，从而达成共识。

只有当所有成员都达成共识，团队里的每个成员都能清晰地认识到自己的角色和责任，明确并致力于同一个目标时，才能确保大家"劲往一处使"，这些力量才能够汇聚成推动团队前进的强大动力。

在这个"劲往一处使"的过程中，成员之间的分歧和冲突往往能够得到有效的化解。因为大家都明白，只有团结一致，才能克服挑战，实现目标。因此，强化共同目标不仅有助于避免不必要的冲突，还能激发团队的潜能，促进团队的持续发展，最终获得成功。

避免"暴力沟通"模式，减少冲突行为

心理学家马歇尔·卢森堡曾在《非暴力沟通》中说，大多数个人或群体之间的冲突是由于对人类需求的误解而产生的。强制性或操纵性的语言，会诱导恐惧、内疚、羞耻等情绪的产生。

在冲突中使用这些"暴力"的交流模式，会转移冲突参与者的注意力，使他们无法阐明自己的需求、感受、感知和要求，从而使冲突持续下去。

马歇尔·卢森堡认为，非暴力沟通涉及四个要素：**观察、感受、需要、请求**。

首先，**观察**正在发生的事情，但只是描述人们所做的事情，而不做出任何判断或评价。比如"楼上邻居在我睡觉的时候跳操"是观察，而"楼上邻居是个坏人，一大早吵醒我"就是评价了。

其次，在说出不带评价的观察结果之后，表达自己的**感受**，例如受伤、害怕、喜悦、愤怒、愧疚等。注意区分感受和想法，"我感到愤怒"是感受，而"楼上邻居故意惹怒我"是想法。

再次，思考我们藏在感受背后的**需要**。别人的行为可能

会刺激到我们，但是我们的感受归根结底来源于我们自身。因此我们要从内因分析自己的感受，例如"我感到愤怒，是因为我无法保障自己充足的睡眠"。通过了解内在感受，我们不再指责他人，而承认我们的感受源于自身的需要无法得到满足。

最后，也是解决问题的关键，即**请求**——我们希望别人具体怎么做。这一步实际上是让我们明确沟通的目的，即就目前发生的事情与他人达成一致的意见。

我们可以直接提出具体的要求，但是要避免使用"不要……"的请求，因为这样会让对方感到困惑。例如，我们可以说"我希望你1小时后再继续放音乐跳操"，而不是"你不要再吵了"。需求表达得越清晰，就越能得到有效的执行。

有时候，我们不敢面对冲突，其实是因为心理脆弱、害怕被拒绝或自我价值感低。我们不妨在心中为自己设置一个底线，想清楚冲突解决不了的最坏影响。如果这个影响是我们无法接受的，那也就没有理由不勇敢面对了。

不管是团队还是家庭，对于成员要求严格是可以的，但是要注意方法，避免为彼此造成不必要的麻烦。一旦冲突真的发生，我们也应时刻保持尊重、理解和包容。我们不惹事，但也不怕事，积极解决问题，才能让自己更加愉悦，让沟通更加高效。

逆着自己的人性，顺着别人的人性，

方能达到自己的目的。

时时刻刻要有用户思维。

一个真正为他人考虑、付出的人，

才能结交到真正的朋友，

才会拥有真正爱自己的人。

第二节　守不住个人框架，会活得很累

在与他人交往的过程中，我们往往会为自己设定行为准则、边界和原则，并以此指导自己如何与他人互动，以及他人应该如何对待自己。这些行为准则，我们称之为"框架"。这些框架帮助我们维护个人价值和尊严，并在与人们的交往中保持健康、平衡的状态。当我们坚守自己的框架时，所有关系都会变得轻而易举。

要讲框架，首先要说情绪价值。有人将情绪价值分为三个等级。第一个等级是讨好和顺从，比如夸奖别人；第二个等级是认同和鼓励；第三个等级是制造痛感。

前面两级情绪价值都是给对方提供正面的情绪，即获得感，让对方从我们身上得到愉悦的体验。

而最高级的情绪价值的关键就是失去感，即让别人在有获得感的同时，一定要有失去感。这也是我们常说的有甜有

苦，才是感情中的调节器。一味地付出，对方会感觉习以为常与理所当然，这对于关系的发展没有好处。所以在一定程度上，必须让对方有失去的感觉，这就需要我们立框架。

立框架最大的好处，就是能赢得对方的尊重和重视。一定要记住，只有对方尊重你，才会正视你的需求。因此，当对方一次又一次踩到你的底线，冒犯到你的时候，一定要让对方知道他的行为让你感到不舒服了，这是最好的立框架的机会。比如当对方答应做的事情没有做到，或者企图控制你的时候，你要直接表达不满，并顺势利用对方的愧疚心理置换其他补偿。

那么，我们应该怎样立框架呢？

首先，我们必须清醒地意识到，对方的行为已经逾越了我们的边界，我们需要以冷静和坚定的态度来维护自己的立场。例如，在面对伴侣不忠或不当行为时，采取果断的措施来保护自己的情感和尊严才是明智的选择。

我的朋友就是这样，当伴侣做出不当行为后，她毅然决然地选择暂时分开，以冷静地评估情况，再决定下一步的行动。她严肃地警告对方："今天我们先分开，我需要一些时间来冷静思考，任何超过底线的事情我都无法原谅。"这其实是向对方传达一个明确的信息：她不会容忍任何违背自己原则的行为。

在处理这类敏感问题时，我们应该避免情绪化的争吵或无休止的质疑。相反，我们应该通过理智的行动来表达自己的立场，比如果断地暂时分离，以便双方都能有机会反思自己的行为和未来的关系。

我另一位朋友是这样立框架的。有一次，她老公想要查看她的手机，这是一个敏感且可能引发不信任的行为。面对这种情况，她果断地拒绝了她的丈夫，并且冷静而坚定地表明了自己的立场："我们的关系建立在相互信任的基础上，我从未查看过你的手机，你也不应当查看我的。如果我们之间缺乏基本的信任，那么这段关系将难以为继。"

这就是一次很好的立框架的示范。当一个人踩到你的底线和原则的时候，你必须像我这位朋友一样，即时给出一些负反馈。

当然了，你也不能"双标"。也就是说，框架不仅只用来约束别人，自己也要严格遵守框架的内容。

给对方反馈

在工作中，如果我们的合作伙伴因为关系好或者仗着是长期合作，不遵守合同条款的话，我们也要及时立框架。比如对方不按照合同交付内容，总是拖延时间节点，在一定程度上拖慢了项目的进程时，这时一定要明确告知对方：你这种行为是不可取的，如果项目因此耽误，那么你需要负全部责任。

这个时候说硬话是没有用的，我们需要向对方摆事实、讲道理，用行动向对方立框架，用行为做出反馈。我们所有的言语和行为都要告诉对方，问题是由他引起的，他必须为自己的言行负责任。但要注意，没有必要太过严苛，还是要为对方保留一丝情面。

正负反馈交叉运用

当对方做的事情值得肯定的时候，我们要给他一些正反馈。正反馈能强化好的行为，比如说当下属或者同事很高效地完成一项工作时，我们不要吝啬自己的夸奖，一定要用具体的描述去夸奖对方，让他具体地知道自己做得好的地方，以此强化他的正向行为。

在处理类似关系时，除了要有正反馈，也可以适时运用负反馈给对方制造痛感，也就是让获得感和失去感交叉出现。要让对方知道我们喜欢他的哪些行为，也要让对方知道我们不喜欢他的哪些行为。

这样一来，我们就在无形当中为自己建立了一个框架，而这个框架决定了合作是否和谐及关系是否长久，同时也决定了我们在这段关系当中的舒适度。如果总迁就别人，那么我们在这段关系中就失去了主动权，这段关系也会越来越糟糕。

注意，框架一定得是底线，而不是无关痛痒的生活小细节。这意味着我们在生活和工作中要坚持"抓大放小"的态度。因为小摩擦和小分歧难以避免，过分纠结于这些细枝末节只会消耗精力，影响关系质量。

小的事情可以忽略，大的事情一定不能让步，因为一旦让步，就会被别人牵着鼻子走。清晰的框架和边界有助于别人了解我们的期望和限制，避免无意中侵犯我们的个人空间或触碰我们的底线，从而建立健康舒适的关系。

识人，

是一门最重要的学问。

跟谁交往，

是人际关系中重中之重的

哲学问题。

第三节　通过写小作文表达自己的情感

诗词以其精练的语言、深远的意境，激发着人们内心深处的情感激荡，而小作文则以其贴近生活、易于共鸣的特点，成为现代人表达情感、分享生活的重要载体。它不需要诗词般严谨的格律与深远的寓意，却能以最真挚的情感、最质朴的语言，讲述一个个平凡而动人的故事。

爱意在心口难开，小作文就可以搞定

在神圣的婚礼现场，一对新人各自准备了小作文作为告白信，向对方倾诉内心的深情与承诺。这不仅仅是仪式感的体现，更是两人情感深化的重要时刻。当新郎、新娘在亲友的见证下，缓缓展开那精美的信纸，用最真挚的语言诉说着对彼此的期待与承诺时，空气中都弥漫着一种难以言喻的温馨与感动。

小作文是他们爱情的见证，让在场的每一个人都为之动容，也让两人的关系在那一刻得到了前所未有的升华。

小作文不仅常出现在婚礼上，在商务宴请、亲子交流、情侣沟通等场合也经常出现。我读过一本书，叫《相互滋养的陪伴》，作者伍罡身为一位父亲，在女儿的成人礼上送给她一篇小作文。这篇小作文感动了女儿，也感动了很多家长和孩子，我本人深受触动，原文如下。

致十八岁的女儿

宝贝：

从你出生的那天起，我就开始筹划要给你写这封信。

虽然之前零星给你写过一些东西，但写给十八岁的你，是不一样的感觉。

十八年来，我和你妈每天都盼你长大，每天也怕你长大。

盼你长大，

不是因为半夜惊醒睁着惺忪的睡眼收拾湿漉漉的床铺，

不是因为挺着酸痛的腰抱着假睡的你走好长好长的路，

不是因为要陪着你在黑黢黢的大操场上找一件深蓝色的校服，

更不是因为在深南大道上飞车赶往学校为你处理冲突，

当然绝对不是因为为了让你少看一会儿手机而假装发怒。

只是因为，

我和你妈特别想知道，

从小就古灵精怪的你，长大后会有多酷。

怕你长大，

是因为再也不能用胶卷相机拍下你龇着两颗下牙扮鬼脸的模样，

是因为再也不能在凌晨三点听你讲哪种恐龙的脖子最长，

是因为再也不能用背篓背着你在凤凰古城惬意地闲逛，

是因为再也不能驮着你在游泳池中来回游荡，

是因为再也不能在晚上十点半为刚放学的你端上一碗汤。

我和你妈都特别不想知道，

这个每天都充满欢声笑语的家，如果少了你，会是什么状况。

感谢的话，留给那些十八年来帮助过你的贵人吧，

我和你妈不需要。

如果要说，应该是我们对你说声感谢。

感谢你让我们有了当父母的身份，有了当父母的欢喜，

有了当父母的骄傲，有了当父母的牵挂，

有了当父母的担当，有了当父母的底气。

心理学家科胡特说，母亲眼中发射出的爱的光芒，呼应了孩子展示自己的游戏。

因为有了你，我们才学会让自己的眼睛持久地透出爱意。

十八岁以前，你是我们的女儿，也是我们的朋友；

十八岁以后，你是我们的朋友，也是我们的女儿。

十八年太长，长得很多细节都无法回想。

十八年太短，短得仿佛就在昨天。

人生无论长短，有了这十八年，我们了无遗憾。

世界很大，大到莽莽苍苍横无际涯；

世界很小，小到仿佛只有我们仨。

所有的爱都是为了在一起，

只有父母和孩子的爱是为了分开，

雏鹰要去天空翱翔，

帆船要去大海远航，

希望这十八年的爱，

能为你蓄满能量，

让你有信心去触摸一下自己的理想。

出发吧，少年！

不必回头张望，

我们的目光会一直伴随你，

直到地老天荒。

在女儿的心中，这应该是父亲能给的最好的礼物了。这样的父爱太拿得出手了。有如此会表达爱意的父母，想必女儿的"爱商"也不会低。

虽然现在的我活跃在新媒体平台，但生活中的我并不算健谈。我从小沉默寡言，但情感丰富，于是写日记就成了我表达情感的方式。快乐、悲伤、遗憾的事，我都会写进日记里。写日记的习惯，我一直保留到今天。

每当心中有所感悟，或是想要向某人表达感激之情时，我都会拿起笔，让思绪在纸上自由流淌。这些文字，既是对对方的感谢，也是对自己内心的一次梳理与释放。我享受着这种将情感化为文字，再通过文字传递给对方的奇妙过程，它让我感受到了前所未有的满足与幸福。在今年，我还创建了日记群，公开自己读书思考的随笔和记录。

在与人相处的过程中，小作文不仅是情感的载体，更是策略的运用。第一，它可以用来"种心锚"，即在他人心中植入一种情感上的联系或印象；第二，小作文可以用来表达感恩；第三，它能够唤起对方的愧疚感，促使他们反思自己的行为。

此外，小作文还可以通过回忆美好时光来增强情感的紧密度。对于那些在生活或生意场上历经磨炼，异常冷静和理性的人来说，小作文中的柔软情感和深刻语言能够触动他们的内心，唤起他们的情感共鸣。

选择合适的时机和方式

要注意，不能随时随地写小作文，以免引起反感。例如，在白天，大家往往忙于工作，发送一些简短、快乐的信息更为合适。而在夜晚，人们的情绪更为放松，此时发送抒情的小作文则更能打动人。选择正确的时机和方式，能够让小作文发挥更大的效果，增强情感的交流与联系。

比如，你的老公前一段时间给你买了一条新项链，你就可以对他说："今天我跟朋友出去聚会了，朋友看到我的项链都夸我，说'这条项链颜色好漂亮，是今年最流行的颜色，你老公的眼光真棒'。他们一夸我，我就感觉好幸福，因为这是你给我买的，意义是不一样的。"

这是一种正反馈，能强化对方付出后的成就感，在生活中可以多给自己身边人发这种快乐、感恩的话。

发送小作文的目的是促进两人之间的关系，让彼此的心灵更加贴近。因此小作文并不是发完就结束了，我们可以适当询问对方的看法或感受，给予对方反馈的空间。这样不仅可以增进双方的了解，还能让对方感受到我们的尊重和关心。

人与人之间的感情，实际上都是可以通过一定的方式和方法来培养和塑造的。如果我们经常对他人说一些温柔感性的话语，对方便能从我们身上感受到爱的存在。这正是一些女性的聪明之处，她们可能会轻描淡写地说："我找到了对的人，或许是我运气好。"但其实她们在维护感情方面也做了很多细致入微的努力。

言不由衷的话，适合用文字表达

我有一位女性朋友对某位男士产生了好感，这位男士也对她表现出了一定的兴趣。但是在某次约会时，她无意间看到这位男士正在给另一位女士发信息。她感到非常难过和困惑，她开始思考："他既然在和我约会，怎么还能同时和别人聊天呢？"虽然内心感到不安，但她并没有当场表现出来。

回到家后，她给这位男士发了一条信息，表达了自己对他的感情，当然也提到了自己无意中看到他给别人发信息的情景，这让她感到伤心和失落。

她的小作文内容是这样的："我知道你那么优秀，一定会有别的女孩子喜欢你。或许是我不够懂事大度，所以我接受不了你和别人暧昧。谢谢你这段时间对我的陪伴，你自始至终都是自由的，我也不想束缚你。祝你幸福，我也会努力去找我的幸福。"最终，这位男士也向朋友敞开心扉，说明了实际情况并非她想的那样。两人解开误会，最终走到一起。

如果这位女士当面质问，会有怎样的结果？或许男士会下意识地觉得被窥视了，因而恼羞成怒。或许女士会因为愤怒而口不择言，说出伤人的话。这位女士不愿直面冲突、内心情感细腻的特点，反而让她选择了最恰当的方式来表达自己的想法，成功化解误会。而且她这种懂得进退、尊重他人的优点，也帮助她收获了这段感情。

人在激动时很容易暴躁地指责对方，而且在日常的即时通信中，我们往往受限于时间压力和快速回应的需求，难以充分表达内心的复杂情感和思考。小作文为我们提供了一个静下心来的机会，让我们可以慢下来，仔细斟酌字句，将那些平时难以启齿或一时无法组织好的情感与思考，以文字的形式娓娓道来。这种深度加工的过程，本身就是对感情的一种投入。

只要你想，

你可以有一万种方式

让自己更加得体。

第四节　越是关系好，越不要借钱

一提到钱，人们总是难以启齿。"谈钱伤感情"这种认知已经深深地刻在我们的骨子里，不仅如此，我们还担心谈钱会被别人认为斤斤计较，比较丢面子。

然而，在有了一定的阅历后，我们就会发现，真正的感情从不怕谈钱。正如作家连岳说："敢于谈钱的人，才是真正的成熟。"尤其是当我们试图经营一段长期关系时，金钱更是我们绕不过的话题。

关系重在选择，其次才是经营。在交友时，我们还要考虑对方的金钱观和消费观。如果双方的金钱观不一致，就不适合深交，因为再用心建立的关系，也有可能折在金钱观的矛盾上。

消费观是人格的直接映射

个体心理学创始人、著名的心理学家阿德勒强调"整体论"，认为对于一个人的态度、行为、观念、情绪表现等，我们要视为一个整体来看。从这个角度来看，如果我们不认同一个人的消费观，那么就很难与他建立起深度的关系。一个人的消费观，也是其人格的直接映射。

在电视剧《二十不惑》中，姜小果，一个正直且富有同情心的学生，当她的同班同学王薇因急需钱向她求助时，她毫不犹豫地伸出了援手。

可是，接下来事情的发展却让姜小果被狠狠"打脸"。在借款后，王薇并未按约定时间还款，甚至在有能力偿还的情况下，仍选择将钱用于个人消费，如购买衣物和鞋子。

当姜小果忍无可忍要求王薇还钱时，王薇竟然当众大哭，骂姜小果毫无人性，不念朋友之情逼自己。两个人对峙的视频被传到网上不断发酵，姜小果也成为众矢之的，甚至连她的朋友也觉得她处理不当。

在人际交往中，金钱观和消费观的一致性就如同一块试金石，能够检验出彼此是否能够长久相处。

关系中常见的两类金钱问题

关于关系中的金钱问题，我们在生活中最常遇到的情况有两种：一种是朋友间的借钱行为，另一种是拥有不同消费观的两个人的相处问题。

关于朋友间的借钱行为，我们可以坚守一个底线：**借钱等于送钱。舍得送，就可以借；舍不得送，就别借。**

大约在 2020 年，我通过自己的努力成功地积累了一定的财富。我们家以前经济条件并不好，如今赚到钱之后我仍然非常低调，所以家里的亲戚至今也不知道我的经济状况。我甚至叮嘱家人，如果有人打听我的情况，就说我在广东打工，其他的情况一概不知。这实际上是一种自我保护的方式，因为人们往往难以真心接受他人的成功。

每个人成长于不同的环境，家庭的经济状况、教育方式以及社会文化背景等因素都会塑造出独特的生活习惯。并不是消费观念不一致的人，就绝对不能相处，只不过两人在相处时要提前对有关金钱和消费的问题约法三章，避免为今后的关系埋下隐患。

当有不同消费习惯的人想要建立重要关系时，应该怎么做呢？

首先，要提前了解对方的消费观念和习惯。

不管是伴侣关系、家庭关系还是商业合作关系，消费观念和习惯都会对关系的促进产生重要影响。因为这不仅有助于增进对彼此的理解，还能让双方在财务规划、购物决策等方面达成共识，甚至减少冲突。

其次，要制订合理的消费计划。

了解彼此的消费观念和习惯之后，可以制订一份能够符合双方需求和实际情况的合理消费计划。通过这份计划平衡两个人的消费需求，避免因为消费观念不同而产生冲突。但在制订计划时，双方一定要充分讨论各自的期望和需求，找到一个既能满足个人需求又能维持整体经济稳定的方案。比如，双方可以约定每隔一段时间就无条件地支持对方满足一次自己的物欲，做到不评判、不扫兴、不干预。

再次，要学会沟通和协商。

当双方的消费观念存在差异时，需要学会倾听对方的意见和想法，并且理性地表达自己的想法。在这个过程中，一定要避免指责和批评，而是以理解和尊重的态度去探讨问题。这将有助于缓解紧张气氛，促进问题的解决，顺利找到双方都能接受的平衡点。

最后，一定要接受对方的差异，学会包容。

消费观念是个人价值观的一部分，很难用对错来评判。而也正是因为个体间有差异性，这个世界才如此丰富多彩。在面对消费观念不同的情况时，我们要学会尊重和理解对方，不要强求对方改变。只有包容和理解，才能让关系更加长久和稳定。

消费观念的调整是一个持续的过程，需要双方根据实际情况灵活调整。随着阅历渐增，我们的消费观念也会不断发生变化。因此，我们应该保持开放的心态，愿意为彼此的关系做出一定的妥协和改变。同时，也要鼓励对方在消费方面保持理性和负责任的态度，共同成长为更加成熟和理性的消费者。

此外，我们也要视具体情况灵活调整我们的消费和金钱使用策略，不要让金钱把我们限制住，而要让金钱更好地为我们所用。

保护好金钱，

让自己过得越来越好。

保护好关系，

让自己走得越来越远。

金钱和关系，你至少得妥善处理好一个。

第五节　人生容错率很高，但尽量认真地活

我们常听到一句话："橘生淮南则为橘，生于淮北则为枳。"同样的橘树，在淮河以南生长就是橘树，在淮河以北生长就会变成枳树。虽然叶子相似，但它们的果实味道却大有差别。

人也是一样的，在不同环境中成长，就会走向不同的人生道路。孟母三迁，正是这个道理的体现。孟母为了让孟子能够得到良好的学习环境，可谓煞费苦心，连搬三次家，最终搬到学堂附近，为孟子日后取得成就打下了基础。一个人所处的环境和平台，往往决定了他能够接触的人群和机会，这对其个人发展是至关重要的。

那么如何找到我们想要的环境呢？

知道"我是谁"，以及"我要去往哪里"

想要找到好的环境，让未来有好的发展，我们首先需要明确发展方向。我们应该对自己的需求、兴趣、价值观等进行深入的分析，找到自己真正感兴趣的方向。在很多时候，我们会受到薪资、社会地位等附加条件的诱惑，而轻易改变自己的目标，从而导致迷失方向。

实际上，每个人的优势是不一样的，适合别人的事物并不一定适合自己，别人苦心追求的也不一定是我们渴望的。所以我们的发展方向需要自己去定夺，找准方向后就发挥自己优势，一直向深处前行。

当找准自己的方向后，我们就需要为自己设立目标，可以是短期可执行的目标，也可以是长期发展后才能达到的目标。这就像航船需要知道灯塔的位置一样重要，只有明确的目标才能指引前行的方向，确保自己不会走偏。

哪怕我们做的事情非常简单，只要走在正确的道路上，就不会迷失方向。当我们朝着自己的方向努力后就会发现，不仅最终一定能达成目标，还能得到地位、金钱、人际关系等附加价值。所以，请优先确定你的目标，坚定并坚持去实现它。

清晰展示"我值得"

物以类聚，人以群分。同一类人才会因共同的话题和相同的价值观而聚集到一起。因此，想要了解一个人，不仅可以直接观察分析对方，也可以看看对方身边的亲戚朋友是怎样的人。

如果你想要提升自己，不妨试着往更高层次的朋友圈挤一挤，去结识有利于自己实现目标的人。因为好的人脉能帮助你，优秀的人能指导你。

想要遇到优秀的人，你首先要让自己变得优秀。这意味着你要经营好个人口碑，在遇到"伯乐"时能够被看到潜在的价值。

我有一个关系很要好的女性朋友，她上学时学习非常努力，虽然她学的不是英语专业，但是英语是她的兴趣所在。别人出去玩时，她总是在学习英语。毕业后，她也自然而然地从事了英语相关的工作。然而，成为英语老师并不是她的目标，她更希望能实现时间自由，并达到一定的经济水平。因此她选择了创业，创办了面向国际学校学生的英语教育。

刚开始她投入了不少资金，全身心投入，凡事亲力亲为，很辛苦，但她珍惜每一个学生和家长的信赖，交付最用心、专业的教育服务。她的专业和耐心打动了一位学生的家长，并因此得到了一笔不小的投资，公司也越做越大，实现经济自由的那一天比想象中来得更快。

她说当她面对成功人士时，其实也会紧张胆怯，但她毕竟是靠技术"吃饭"的。她可控的部分就是展现出自己的所有技能以及百分之百的真诚，做好自己的公司的口碑，一传十，十传百，最终实现了自己的目标。

不仅创业人士需要良好的口碑，为大平台效力的人更应该注重个人能力口碑的积累。我们会发现，有一些人在大公司混得很好，可一旦离开公司之后，好资源也随之失去了，因为别人与他的合作主要是看重公司的背景。所以即使我们在公司工作，也要用心打造自己的个人口碑，要让别人提到我们的时候，有认可、有赞许，如此，我们才有更多的发展可能。

清醒决策"我下一步怎么走"

如果我们在工作或者学习过程中发现了一些问题，或现状与自己的预期不符，不要过于固执，也不要被沉没成本的"绑架"。我们要冷静下来，根据实际情况进行灵活调整，或者寻求专家的建议。

举一个简单的例子，某个公司正在研发一个新产品，花费半年的时间，前后投入了 100 万元的资金，却因不可抗因素而无法顺利研发。如果想要继续研发，就需要再花上半年，再投入 100 万元，但也不是百分之百确定能盈利。这时，应该做何选择呢？

经济学家会告诉我们，如果人是理性的，那就不该在做决策时考虑沉没成本。因为不论怎么选择，已经耗费的时间和资金都是收不回来的。对于一家要盈利的企业来说，在做出一个决策时，如果太多地考虑沉没成本，就会高估项目的成本，从而做出错误的决定。

这个例子给我们的启示是：当我们的计划或者目标出现问题时，要慎重地考虑是否还要进行下去。如果答案是否定的，那么及时调整，转换方向反而是最好的选择。

我们在追求成功的道路上，要时刻关注自己的平台与环境，兼顾自身努力与利用平台资源，不断提升自己的形象和能力，不断向上攀登。只有这样，机会和成功才会属于我们。

影视剧中的司马懿有一句台词：

"臣一路走来，

没有敌人，

看见的都是朋友和师长！"

这也是我的座右铭。

打破认知茧房
重塑人性博弈的底层逻辑

博弈场上姐称王

独立高贵不装腔

觉醒标尺——撕掉标签

可撕 1	男大当婚，女大当嫁
可撕 2	女人是水，温柔是必杀技
可撕 3	最大的孝顺是顺从、不反抗
可撕 4	女人擅长做家务
可撕 5	太要强不是什么好事
可撕 6	不惹事，就不会被欺负
可撕 7	爱你的人永远不会伤害你
可撕 8	强势的人没人爱

觉醒标尺——觉醒思维

语录 1	知识是最好的嫁妆
语录 2	婚姻是平等的合作
语录 3	生育是选择，事业也是自我价值的体现
语录 4	温柔且坚定，该强势时绝不退缩
语录 5	高质量的单身胜过低质量的婚姻
语录 6	良好的阅读习惯是一个人一生的财富
语录 7	永远置顶自己的感受
语录 8	我是独立的个体，任何时候都是

毒性关系检测表——人际关系红绿灯

检测项目	是	否
对方是否经常贬低你的能力和价值？		
对方是否总是让你牺牲自己的利益来满足他 / 她？		
和对方在一起时，你是否经常感到压抑和不开心？		
对方是否试图控制你的行为和思想？		
对方是否在你困难时从不提供帮助和支持？		

□ 若"是"的选项超过 3 个，这段关系可能是毒性关系，需谨慎处理。

□ 若"是"的选项为 1 ~ 3 个，关系存在一定问题，可尝试沟通改善。

□ 若"是"的选项为 0 个，这段关系较为健康，可以继续维持。

关于自爱的能量咒语

默念这些咒语，给自己注入能量。

1. 我有自己的价值，不需要他人定义。

2. 我的感受最重要，不必为他人委屈自己。

3. 我值得拥有更好的，不要被眼前的困境迷惑。

4. 我有权利追求自己的梦想，没人能阻拦我。

5. 我是独立的个体，不被任何不合理的规则束缚。

利益谈判模板

"你要 A，我要 B" → "我们共同创造 C"

话术公式

当你与他人进行利益谈判时，不要陷入你争我夺的局面，试试这个公式。

例如：你要项目的主导权（A），我要更多的资源支持（B），我们可以共同创造一个更高效、更有影响力的项目成果（C）。

使用步骤

1. 明确双方的需求（A 和 B）。

2. 寻找一个双方都能受益的共同目标（C）。

3. 用话术表达出来，强调合作创造的价值。

情绪拆弹四象限

	可容忍	不可容忍
短期影响	该忍的委屈：比如同事偶尔的小抱怨，不影响大局，可适当容忍。	必争的底线：涉及个人尊严和原则问题，如被当众辱骂，必须反击。
长期影响	仍需关注：长期的小委屈积累也会影响情绪，要适时沟通解决。	坚决抵制：长期的不公平对待，如职场的不合理加班，要明确拒绝。

通过这个决策树，帮助你快速区分该忍的委屈和必争的底线，合理管理情绪。

柔杀话术 – 示弱式反击

话术结构 1：以退为进

模板："我知道我可能在这方面不太擅长（**示弱**），但你这样说／做真的让我有点难受（**表达感受**），能不能换一种方式呢（**提出要求**）？"

_____

_____

_____

案例：同事说你方案做得不好。

你可以说："我知道我在方案设计上还有很多要学习的地方，但你直接说我做得差，让我挺失落的，能不能给我点具体的建议呀？"

_____

_____

_____

柔杀话术 – 借力打力

话术结构 2：借力打力

模板："你说得好像有点道理（**认可对方部分观点**），不过我听说／我觉得……（**引入新观点或事实进行反击**）"

案例：朋友说你穿得太保守。

你可以说："你说的也有道理，时尚就是要大胆尝试嘛。不过我觉得适合自己的风格才是最重要的，我这样穿自己很舒服。"

柔杀话术 – 幽默化解

话术结构 3：幽默化解

模板："哈哈，你可真会开玩笑（**用幽默回应**），要是……就更好了（**提出改进建议**）"

_____

_____

_____

_____

案例：亲戚说你年纪大了还不结婚。

你可以说："哈哈，您可真会逗我，我这不是还在等那个对的人嘛，要是他能快点出现就更好啦。"

_____

_____

_____

_____

柔杀话术 - 共情引导式反问

话术结构4：共情引导式反问

模版："我理解你是担心（**共情对方动机**）……不过按这个逻辑（**暴露逻辑漏洞**）……你觉得合理吗？（**反问争取对方认同**）"

案例：同事推诿责任："这个方案失败都是因为你没及时反馈！"

你可以说："我理解你是着急赶项目进度，不过按这个逻辑——既然我上周三就发过邮件催你确认需求，而你现在才说有问题，那是不是该先反思自己跟进不及时呢？"

向上社交着装法则

核心原则：用视觉语言传递"专业可信赖"信号

五种场合着装模板

商务会谈

　　战袍：中性色收腰西装套装（藏蓝／浅灰）

　　心机点：真丝内搭＋简约胸针（距离感与亲和力
　　　　　平衡）

行业峰会

　　战袍：及膝铅笔裙＋挺括衬衫（避免蕾丝、荷叶边
　　　　　元素）

　　心机点：选用硬挺廓形手提包（暗示决策魄力）

战袍：单肩垂坠感礼服（露肤度≤30%）

禁忌：闪片、亮钻过多易显轻浮，珍珠饰品更显底蕴

战袍：色调柔和的套装或连衣裙 + 中跟皮鞋

心机点：亲和力比气场在此场合更重要

战袍：舒适的连衣裙或套装 + 平底鞋或低跟鞋 + 实用的旅行包

心机点：轻便干练比精致更重要

约会穿着注意事项

得体且舒适

根据场合选择着装：休闲约会可选简单大方的休闲装，正式场合如高级餐厅则选优雅的连衣裙或套装。

确保穿着舒适，能自由活动，避免因衣物不适影响约会体验。

避免过于暴露

不要穿过于性感或暴露的服装，如超短裙、深 V 领连衣裙等，给人留下不恰当的印象。

保持端庄优雅的整体风格，展现稳重视觉效果。

体现个人风格

根据自身气质选择服饰：甜美型可选清新亮色，成熟型可选简约大气的款式。

选择适合自己身材的衣物，展现真实自我。

细节搭配

妆容以淡妆为主，避免浓重眼妆或过红唇色，展现自然美。饰品简洁高雅，不宜过多或过于闪亮。鞋子选择舒适且与整体搭配协调的款式。

香水适度

使用淡淡的香水增加魅力，但避免喷洒过量，香气要清新自然。

清洁整洁

确保衣物干净整洁，提前熨烫好，展现精神焕发的状态。

具体穿衣模板

休闲约会推荐搭配

针织开衫 + 高腰牛仔裤 + 小白鞋

亮点：舒适随性，展现亲和力，适合公园、咖啡厅等场景。

正式约会推荐搭配

及膝铅笔裙 + 真丝衬衫 + 尖头高跟鞋

亮点：优雅得体，适合餐厅、剧院等场合。

甜蜜晚餐推荐搭配

单肩垂坠感连衣裙 + 珍珠耳环 + 手拿包

亮点：成熟浪漫，展现女性魅力。

禁忌提示

西装：过于正式，掩盖女性柔美，建议选择裙装或休闲装。

打底裤外穿：显得随意，缺乏正式感，建议搭配裙装。

花色过多或亮片闪钻：容易显浮夸，选择简约大气的款式更得体。

PUA 套路的识别与防范

PUA 的常见形式

情感操控：夸大或贬低对方，制造心理依赖。

心理暗示：通过暗示使对方自我怀疑，接受操控。

道德绑架：利用责任感、道德感让对方愧疚。

精神打压：通过言语或行为制造自卑、恐惧心理。

PUA 识别技巧

(观察对方行为)

是否经常夸大自己或贬低他人？

是否使用道德绑架或心理暗示？

是否打压你的自信心？

(分析自我感受)

是否感到情绪不稳定，容易受对方影响？

是否感到心理压力巨大？

是否感到行为受限，无法自由发挥？

(防范 PUA 的基本原则)

提高自我认知：明确自己的价值观和底线。

增强心理素质：培养自信，学会调整心态。

建立良好关系：与同事、领导保持健康沟通。

学会拒绝：对不合理要求果断说"不"。

反 PUA 实战话术

场景1：贬低攻击

对方："穿这么暴露给谁看？真不检点。"

破解："谢谢关心（**认可情绪**），不过我对自己的穿搭很有信心（**坚守立场**），下次约会我们可以提前商量着装风格（**提出解决方案**）。"

场景2：经济控制

对方："你赚那点钱有什么用，辞职在家带孩子。"

破解："我理解你希望家庭稳定（**共情**），但我需要工作保持社会连接（**表明需求**），我们可以请育儿嫂或调整分工（**替代方案**）。"

场景3：情感绑架

对方："敢分手我就自杀。"

破解："你的生命很珍贵（**表达重视**），我会联系你的家人朋友共同帮助你（**转移责任**），但我们确实需要冷静期（**设立边界**）。"

场景4：家庭指责

对方："你不结婚就是不孝！"

破解："孝顺是让父母安心，但用牺牲人生选择换来的安心是虚假的。"

场景5：闺蜜隐性贬低

对方：我都是为你好，你真是不知好歹！

破解："亲爱的，你比我妈还操心，要不我认你做干妈？"

场景6：公众打压

对方："这种方案都能通过，公司标准越来越低了。"

破解："领导在晨会上特别强调过这个方向，需要我帮您转达改进建议吗？"

7 日觉醒训练 – Day 1

任务：改写1句自我贬低语言

自我贬低语言：我真笨，这点小事都做不好。

改写后：这次这件事没做好，我从中吸取了教训，下次我会做得更好。

请在下面记录你改写的自我贬低语言。

自我贬低语言：_____

_____

_____

_____

改写后：_____

_____

_____

_____

7 日觉醒训练 – Day 2

设定 1 个本周小目标

目标示例：本周学会一道新菜。

请在下面写下你本周的小目标。

本周小目标：_____

_____

_____

_____

_____

_____

_____

_____

7 日觉醒训练 – Day 3

任务：记录 1 次隐性剥削事件

隐性剥削事件：同事总是把自己的工作推给我，还说是在"锻炼"我。

请在下面记录你遇到的隐性剥削事件。

隐性剥削事件：＿＿＿＿＿＿＿＿＿＿＿＿＿＿＿＿＿＿＿＿＿

＿＿＿＿＿＿＿＿＿＿＿＿＿＿＿＿＿＿＿＿＿＿＿＿＿＿＿＿＿

＿＿＿＿＿＿＿＿＿＿＿＿＿＿＿＿＿＿＿＿＿＿＿＿＿＿＿＿＿

＿＿＿＿＿＿＿＿＿＿＿＿＿＿＿＿＿＿＿＿＿＿＿＿＿＿＿＿＿

＿＿＿＿＿＿＿＿＿＿＿＿＿＿＿＿＿＿＿＿＿＿＿＿＿＿＿＿＿

＿＿＿＿＿＿＿＿＿＿＿＿＿＿＿＿＿＿＿＿＿＿＿＿＿＿＿＿＿

＿＿＿＿＿＿＿＿＿＿＿＿＿＿＿＿＿＿＿＿＿＿＿＿＿＿＿＿＿

7 日觉醒训练 – Day 4

拒绝 1 次不合理请求

不合理请求示例：朋友让我帮忙做一份复杂的策划，但我自己也很忙。

请在下面记录你拒绝的不合理请求。

不合理请求：_____

_____

_____

_____

拒绝话术：_____

_____

_____

_____

7 日觉醒训练 - Day 5

任务：赞美 1 次自己

赞美示例：我今天在会议上勇敢地表达了自己的观点，我很有勇气。

请在下面写下你对自己的赞美。

赞美自己：_____

_____

_____

_____

_____

_____

_____

7 日觉醒训练 – Day 6

任务：学习 1 个新的情绪管理技巧

技巧示例：当感到愤怒时，深呼吸 5 次，然后再说话。

请在下面记录你学习的新情绪管理技巧。

新情绪管理技巧：_____

_____

_____

_____

_____

_____

_____

_____

_____

7 日觉醒训练 – Day 7

任务：完成 1 次最小规模谈判

谈判示例：和商家协商商品的价格。

请在下面记录你完成的谈判。

谈判对象：＿＿＿＿＿＿＿＿＿＿＿＿＿＿＿＿＿＿＿＿

＿＿＿＿＿＿＿＿＿＿＿＿＿＿＿＿＿＿＿＿＿＿＿＿＿＿＿

＿＿＿＿＿＿＿＿＿＿＿＿＿＿＿＿＿＿＿＿＿＿＿＿＿＿＿

谈判内容：＿＿＿＿＿＿＿＿＿＿＿＿＿＿＿＿＿＿＿＿

＿＿＿＿＿＿＿＿＿＿＿＿＿＿＿＿＿＿＿＿＿＿＿＿＿＿＿

＿＿＿＿＿＿＿＿＿＿＿＿＿＿＿＿＿＿＿＿＿＿＿＿＿＿＿

谈判结果：＿＿＿＿＿＿＿＿＿＿＿＿＿＿＿＿＿＿＿＿

＿＿＿＿＿＿＿＿＿＿＿＿＿＿＿＿＿＿＿＿＿＿＿＿＿＿＿

＿＿＿＿＿＿＿＿＿＿＿＿＿＿＿＿＿＿＿＿＿＿＿＿＿＿＿

高能量气场微表情管理

锁定眼神

核心要领：交谈时用三角形注视法——在对方左眼、右眼、眉心间缓慢移动，制造专注感

禁忌：频繁眨眼（暴露紧张）、瞳孔涣散（显不自信）

每天小练习：每天对着镜子练习3分钟"5秒不眨眼凝视"。

嘴角肌肉控制

核心要领：保持15°微笑——嘴角轻微上扬，颧肌微提，避免露齿（传递亲和而不谄媚）

博弈场景：抿唇＋下巴微收（暗示思考与权威）。

掩饰紧张

核心要领：双手交叠置于腹部，拇指相抵施加压力

禁忌：咬嘴唇／摸耳朵

控制愤怒

核心要领：深呼吸＋手指轻敲大腿（转移注意力）

禁忌：鼻孔外扩／皱眉

化解心虚

核心要点：强调关键语句时配合点头、手势等正向动作。

禁忌：眼球右移／假笑

高级情绪管理策略

提前模拟对话

通过预演可能被质疑的场景，降低临场紧张感。例如用手机录制模拟问答，观察自己的微表情并修正。

呼吸调节法

心虚时易出现浅呼吸，可通过"4-7-8呼吸法"（吸气4秒，屏息7秒，呼气8秒）快速平复心率，减少面部僵硬。

语言与动作同步训练

强调关键语句时配合点头、手势等正向动作，增强说服力。

转移注意力焦点

若感到心虚，可主动递文件、调整座椅位置或提问对方，将对话主导权短暂转移以缓解压力。

觉醒警钟

1. 人是自己观念的囚徒。

2. 懂人性就是不对人性抱有过度的、不切实际的期待。

3. 道德是压制不了人性的。

4. 逆着自己的人性，顺着别人的人性，达到自己的目的。

5. 在爱情里边，表面上看，男女之间较量的是感情，其实不是，本质上是较量人性，看谁更需要谁，谁更满足了对方的人性。

6. 空虚的生活，会将人变成废物。我们想过得好一点，就不能堕落，就得工作。

7. 一个人能赚钱，更多的还是靠本性善良。

觉醒警钟

1. 走完该走的路，再走想走的路。

2. 永远以资产累积加自我成长为第一位，直到彻底掌控自己的命运为止。

3. 每一段关系都是我们做的一次人生投资。

4. 学错东西，比吃错药还可怕。

5. 心思关注在自己身上的人，他就会变成一个魅力人格体；心思关注在别人身上的人，他就会变成一个废物。

6. 不要情绪化，是一个高手必备的素质。

7. 真正的高手都把精力投射到自己身上，因为改变自己很容易。

觉醒警钟

1. 人世间难的不是遇上爱慕，而是遇上懂得。

2. 无法被量化的东西才是博弈中最大的法码。

3. 成年人的世界，没有改变，只有选择。

4. 改变一个人等同于杀了他。

5. 一个真正有价值的人，从来不担心一个无能的人在想什么。没有智慧的人，最容易被这些烂人烂事牵扯精力、时间，甚至金钱。

6. 管不住自己的人，将失去一切。管理不好自己的人，没办法自律的人，将收获终生痛苦。

人间游戏
攻心为上

扫码加入作者读书会